SOUVENIRS
ENTOMOLOGIQUES

昆虫记

Jean-Henri Faber

［法］让-亨利·法布尔 著

戚译引 译

云南人民出版社

一问一答之间，实验是唯一的语言。

目录

荒石园

这是我心爱的伊甸园，它让我与昆虫朝夕相
处，亲密无间。经过四十年的艰苦抗争，我
终于拥有了它。

这正是我梦寐以求的地方。

一小片土地，不用太大，但要有篱笆来隔绝马路上的喧嚣；它贫瘠，被太阳烤得火热，却是蓟草和膜翅目的生灵喜爱的家园。我可以免受来往行人的打扰，向沙泥蜂和泥蜂发问，专心投入到这场艰深的学术研讨会中。一问一答之间，实验是唯一的语言。四处奔波会浪费时间，遥远的路途又让人心烦气躁，而在这里，我不必跑得太远，就能制订一份偷袭计划，布下陷阱，随时去看看发生了什么。"这是我的愿望"[1]。

在这个小村庄的灯火阑珊处，我终于拥有了它。这是一片荒石园。在当地方言中，荒石园指的是未经涉足、布满碎石，连百里香都无法生长的土地。它实在太贫瘠，

---

1 原文为拉丁文"Hoc erat in votis"，出自古罗马诗人贺拉斯的《讽刺诗集》第二卷第六节。

没有耕种的价值。春天，绵羊偶尔经过，吃一点儿草。不过，乱石之下还有着红色的土壤，所以我的荒石园并非完全荒芜，听说这里还长过葡萄藤。实际上，如果你挖坑种树，还会发现到处是珍贵的树根，因为岁月久远，几乎炭化。在各式各样的农具中，只有三齿大叉能撬动如此坚硬的土地。很遗憾，这里最初的植被都已消失，再也看不到百里香和薰衣草的身影，看不到一丛丛的胭脂虫栎——这是一种低矮的栎树，一抬腿就能跨过去。这些植物，尤其是前两者，对我而言是有用的，蜜蜂和胡蜂需要采食它们的花蜜。我不得不在耙过的土地上再次种植这两种植物。

一些植物很快不请自来，在这里肆意繁衍。它们总是首先出现在被耕耘过的土地上，随后定居下来，生生不息。偃麦草，这是一种讨厌的禾本科植物，就算你和它斗上三年五载，也没法彻底消灭它。在数量上占第二位的是各种矢车菊，它们全身都是尖锐的刺，张牙舞爪，凶相毕露。它们中有黄矢车菊、丘陵矢车菊、星苞矢车菊和粗星蓟，其中以黄矢车菊数量最多。

在这乱麻般的矢车菊丛中，一枝金黄蓟傲然挺立，如同巨大的枝形烛台，橙黄色的花朵就是上面的火焰，它的刺如同钉子般尖锐。上方是一株伊利里亚大翅蓟，它的茎稀稀落落，一根根挺得笔直，足有一两米高，顶端的花朵好像粉红色的绒线团，它的刺与西班牙洋蓟相比毫不逊色。还有蓟中的小矮人家族：首先是猛蓟，它简直武装到了牙齿，就算是采集植物的人都会觉得无从下手；随后是翼蓟，它长着浓密的叶片，叶脉的末端特化[1]成一根根尖刺；还有黑叶飞廉，它看起来就像一个插满了针的玫瑰花结。在这些蓟之间的空地上，露莓带刺的茎匍匐生长，它是树莓的近亲，会结出淡蓝色的果实。想要闯进这布满荆棘的丛林，探访昆虫产卵的巢穴，我们得穿上长及小腿的靴子，否则双腿就会被刺得鲜血直流，又疼又痒。只要土壤中还保留着一些春天的雨水，这片植物就不会失去它们狂野的生命力。各种矢车菊开出大团大团的黄色花朵，给这里铺上了一张地毯，上面是西班牙洋蓟堆成的金字塔和大翅蓟柔软的茎。当干燥的夏日来临，便只剩下满地枯枝败叶，一根火柴就能燃起熊熊大火。这就是我拥有的土地，或者说它本来就是这样。这是我心爱的伊甸园，它让我与昆虫朝夕相处，亲密无间。经过四十年的艰苦抗争，我终于拥有了它。

我将它称为伊甸园，就它对我的吸引力来说，这个称呼并无不当。虽然这片土地十分贫瘠，从来没有人愿

---

1 特化指一些器官为了适应特殊的环境，进化成特别的形态。比如仙人掌的叶子特化成尖刺。

意在这里撒下一把芜菁的种子，但它却是膜翅目昆虫的天堂。茂盛的矢车菊和蓟将附近的昆虫吸引而来，在我观察昆虫的研究生涯中，从来没有见过这么多昆虫聚在一起。各种能工巧匠济济一堂，有以捕杀各种猎物为生的捕食者，有建房子的泥瓦匠，有用棉线纺纱的纺织工，有将叶子或花瓣裁剪成零件的组装工人，有锯木头的木匠，有在地下挖出坑道的矿工，有吹气球的工人。还有谁？我也数不清了。

　　这是谁呀？黄斑蜂，它正忙着把黄矢车菊茎上蛛网般的绒毛收集起来，团成一个绒球，骄傲地用大颚叼在嘴里。它要把这个绒球搬到地下，做成盛蜂蜜和卵的毛毡袋。那些正在激烈地争夺战利品的又是谁？切叶蜂，它们的腹部下方长着黑色、白色或火红色的花粉刷。它们要离开这一片矢车菊，去附近的灌木丛切下椭圆形的叶片，用来制造盛食物的容器。那边几位穿着黑丝绒衣服的又是谁？是石蜂，它们加工泥巴和砾石。在荒石园遍地的乱石上，到处是昆虫们的建筑。哎，那些大声嗡

— 黄斑蜂 —

— 石蜂 —

5

嗡叫着，猛地腾空飞起的是谁？那是条蜂呀，它们住在旧墙和附近向阳的斜坡上。

现在我们看到的是壁蜂，一只正忙着在蜗牛螺旋形的空壳上建造蜂巢，另一只把一小段干枯的露莓茎挖空，为幼虫准备一个圆柱形的婴儿房，它还会用隔板将婴儿房分成几层。第三只壁蜂把一段被切下来的芦苇当成了天然的管子。第四只霸占了石蜂的空巢，成了不交房租的房客。还有长须蜂，它们中的雄性有着长长的触角；准蜂的后足上有巨大的毛刷，用来收集花粉；还有庞大的地蜂家族，腹部纤细苗条的隧蜂……以及其他的昆虫，我就忽略不计了。如果要一一细数这片矢车菊中的房客，那几乎得把整个蜜蜂家族都算上呢。我曾经把我新发现的昆虫呈给波尔多的一位昆虫学家——学识渊博的佩雷教授，他惊讶地询问我是不是有什么特别的捕猎技巧，居然能捉到那么多的昆虫，其中还不乏新发现的品种。实际上，我并不是这方面的专家，我对捕捉昆虫也没什么热情。相比用大头针钉在盒子里的标本，我更喜欢观察昆虫在大自然中劳碌的样子。我之所以能捉到那么多昆虫，一切都得归功于我那片长满了矢车菊和蓟的荒石园。

我何其幸运，在这些采蜜者中间还生活着一个捕猎者的部落。泥瓦匠们在荒石园里四处忙碌，堆起了一个又一个的沙丘和小石堆，那是它们用来建造墙壁的材料。

工程进展十分缓慢，于是这些材料都被人霸占了。石蜂三五成群，挤成一团，在石块的缝隙里过夜。蓝斑蜥蜴找了一个藏身的洞穴，等着捕猎路过洞口的金龟子。它胆大包天，无论是人还是狗，只要靠得太近，它都敢张开大嘴扑上去。白顶鵙披着一身白色羽毛，只有翅膀是黑色的，看起来像个多明我会修士[1]。它喜欢蹲在最高的石块上，短促地哼着乡村小调。它的巢一定就在这附近的某个地方，里面有天蓝色的卵。小修士消失在乱石之间了，真遗憾！这是一个迷人的邻居，相较之下，我可一点儿都不怀念蓝斑蜥蜴。

　　沙土还为另一些族群提供了庇护所。沙蜂正在打扫地穴的门槛，在身后抛下一把把尘土。掘土蜂咬住螽斯的触角把它拖走，一只大唇泥蜂正在把捕到的叶蝉拖进地窖里。后来，泥瓦匠把这些捕猎者都赶走了，这让我深感遗憾。不过，如果我想把它们召回来，只要再砌起几个沙堆就好，它们很快会住进去的。

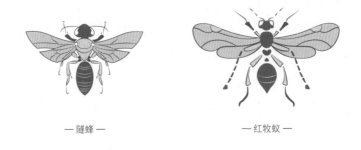

— 隧蜂 —　　　　　　　— 红牧蚁 —

1　多明我会是天主教托钵修会的主要派别之一，会员披黑色斗篷，因此被称为黑衣修士。

也有一些捕猎者留下来，尽管它们的家已经和过去不一样了。有沙泥蜂，我曾在春天或秋天看见它们在花园中的小径和草地上飞来飞去，寻找毛毛虫；有警觉的蛛蜂，它们拍着翅膀，四处搜寻蜘蛛的踪迹。个头最大的蛛蜂会捕食法国狼蛛，这种狼蛛的巢穴在荒石园里并不少见，那是一种垂直的深坑，洞口还有用稻草和蛛丝编成的围栏。如果你朝坑里望去，你会看到蜘蛛的眼睛像钻石一般闪闪发亮，但大多数人会对这样的景象感到恐惧。对蛛蜂来说，这样的猎物是多么危险！现在，在夏日午后的酷热中，红牧蚁从蚁窝出发，开始了一场艰苦的远征，它们要去俘获奴隶。如果时间充裕的话，我们可以跟着它，看看这场狩猎。在一小片茂盛的牧草上，还能见到长达一法寸半[1]的土蜂，它们懒洋洋地飞着，然后钻进草丛中，拖出一条肥大的虫子，那是某种鳃角类金龟子的幼虫，比如犀金龟或花金龟。

这里有多少昆虫等待我去研究啊，而且我还没说完！人们抛下了这块地，留下闲置的房子。人去楼空之后，动物们便前来占领这片清静之地。莺在丁香丛中筑巢；翠雀在茂盛的柏树中隐居；麻雀把破布和稻草搬到瓦片下；金丝雀从南方飞来，在梧桐树梢头歌唱，它那柔软的窝只有半个杏子那么大；红角鸮每晚发出单调的鸣

1　一法寸约合 27 毫米，一法寸半约合 40.5 毫米。

—蛛蜂—

—切叶蜂—

唱，如同笛子一般；还有象征雅典娜的纵纹腹小鸮，每天都能听到它呜呜咽咽的叫声。房子前面有一个大水塘，里面的水来自向村里的喷泉供水的渡槽。到了繁殖的季节，方圆一公里内的两栖动物都会在这里聚集。黄条背蟾蜍就常在这里约会，它们有的能长到盘子大小，背上有一条窄窄的黄色条纹。当暮色降临的时候，产婆蟾在池塘边沿跳来跳去，雄性的后腿上挂着一串串的卵，每个卵都像胡椒那么大。这些慈爱的父亲远道而来，只为了把珍贵的卵袋放到水里，然后它就藏到石板下，发出铃铛般清脆的鸣叫声。还有雨蛙，它们不是躲在树叶间呱呱叫，就是忙着潜水，姿态优雅。五月的夜里，池塘变成了一个嘈杂的交响乐团，蛙声震耳欲聋，吵得人寝食难安。我们得采取严厉措施，来解决这个问题。能怎么办呢？一个被吵得睡不着的人可是很凶的。

膜翅目的昆虫们更加大胆，它们甚至敢强占我的隐庐。白边切叶蜂在我门槛边的一小堆瓦砾里筑巢，我进门的时候得小心别踩坏了它的窝，别踩死了正在忙活的

— 蜾蠃 —

— 壁泥蜂 —

矿工。我已经有二十多年没见过这种专门捕捉蝗虫的切叶蜂了。我刚刚认识它时，曾顶着八月里火辣辣的太阳，走上几公里的路，才能见到它。现在，它就在我家门前，我们成了亲密的邻居。关着的窗户还为壁泥蜂提供了温度适宜的居所，它在石砖墙上用泥巴做了一个窝。这种泥蜂捕食蜘蛛，百叶窗上刚好有个小洞，它就从那里钻进它的巢穴。还有几只石蜂把巢搭在百叶窗的线脚上，一只蜾蠃在半开的屏风下部建起它的小圆顶。胡蜂和马蜂是我餐桌上的常客，它们常常飞过来，看看我吃的葡萄是不是熟透了。

　　这里的生物数量繁多，种类齐全，而且我还远远没有把它们一一列出来。如果我能让它们开口说话，它们的对话一定十分有趣，足以慰藉我的孤独。这些可爱的生灵有的是我的旧交，有的我刚刚认识，它们都在这里捕猎、采蜜、筑巢。而且，如果要换一个地方进行观察，附近几百米处就是山坡，那里生长着一丛丛的野草莓、岩蔷薇和欧石楠，那里有沙蜂喜爱的沙地，那里的泥灰岩坡地住满了各种膜翅目的昆虫。正因为预见到这里丰富的物种，我才逃离城市来到乡村，给萝卜除草，给莴苣浇水。

屎壳郎

屎壳郎是鞘翅目中有滚粪球习性的昆虫的统称，包括蜣螂科、粪金龟科以及蜉金龟科等类群。为大地清除污垢是它们的光荣使命。

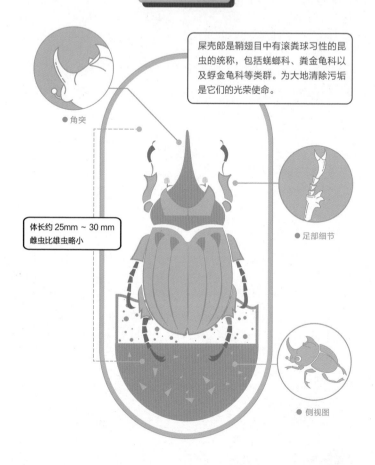

● 角突

体长约 25mm ~ 30 mm
雌虫比雄虫略小

● 足部细节

● 侧视图

中文学名	蜣螂	**目**	鞘翅目	**地域分布**	遍布亚洲、欧洲、非洲
英文名	Dung Beetle	**亚目**	多食亚目	**栖息环境**	牧场
门	节肢动物门	**科**	金龟子科	**成虫寿命**	3 年以上
亚门	六足亚门			**食性**	草食动物、杂食动物的粪便
纲	昆虫纲				

屎壳郎是鞘翅目中有滚粪球习性的昆虫的统称，包括蜣螂科、粪金龟科以及蜉金龟科等类群。为大地清除污垢是它们的光荣使命。我们兴趣盎然地观察它的各种工具：有的用来搬运粪便，并把它分成小块，加工成型；有的用来挖出深深的洞穴，埋藏战利品。它们的工具包就像一个科技博物馆，各种挖掘工具一应俱全，有些和人类的相似，另一些造型独特，也许能供人类模仿借鉴，制造出新的工具。

西班牙粪蜣螂的头上有一个强壮的尖角，向后方弯曲，像极了啄木鸟长长的喙。月形粪蜣螂也长着类似的角，它的前胸上有两个尖锐的突起，形状如同犁铧，中间还有一个锋利的突起，仿佛巨大的刮刀。水牛蜣螂和野牛蜣螂只生活在地中海沿岸，它们的头上装备了两个强健的角，向两边叉开，中间的胸甲背部伸出一个水平的犁铧状的凸起。米诺陶粪金龟的胸甲上长有三个犁铧般的尖刺，它们互相平行，伸向前方，两侧的尖刺较长，中间的尖刺较短。公牛嗡蜣螂的前胸长着两个长而弯的角，令人想起公牛的犄角。二叉嗡蜣螂的尖角像一把有两个齿的小叉子，在扁平的头上垂直向上翘起。即使是样貌最平凡的蜣螂，头部或前胸也长有钝的凸起，那是它们的工具，它们总是能耐心地驾驭自己的工具。所有的蜣螂都有着宽而扁平、边沿锋利的头部，那是它们的小铲子。它们的足前端长满了锯齿，那是用来收集粪便的小耙子。

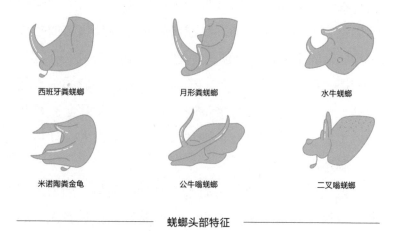

西班牙粪蜣螂　　　　月形粪蜣螂　　　　水牛蜣螂

米诺陶粪金龟　　　　公牛嗡蜣螂　　　　二叉嗡蜣螂

蜣螂头部特征

也许是为了给这又脏又累的工作一点儿补偿，一些屎壳郎散发出强烈的麝香气味，或者有着闪闪发亮的腹部，如同打磨过的金属。伪善粪金龟的腹部闪着黄铜和

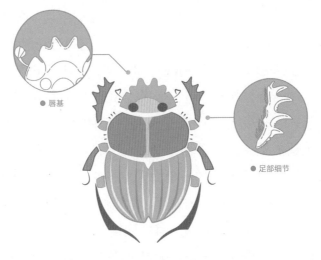

● 唇基

● 足部细节

圣甲虫

金子般的光芒，而粪堆粪金龟的腹部如同紫水晶一般。大多数屎壳郎的腹部是黑色的，只有在热带地区才能见到五颜六色、花枝招展的屎壳郎，它们看起来就像有生命的宝石。在埃及南部地区的骆驼粪里，生活着像绿宝石一样璀璨的屎壳郎。圭亚那、巴西和塞内加尔的屎壳郎闪烁着红色的金属光泽，它们有红铜般的色彩和红宝石般鲜亮的光芒。法国的屎壳郎虽然没有首饰般华丽的色彩，但它们的生活习性一样趣味盎然。

那位一路小跑着过来的是谁呀？长长的腿走起路来显得有些笨拙，小小的红棕色触角像折扇般展开，表示它已经急不可耐！这是圣甲虫，它一袭黑衣，体形庞大。它终于落座了，和它的同类们一起，用宽大的、末端分岔的前足，往自己的粪球上加了最后一小块，裹上最后一层，然后离开这里，静静地享受自己的劳动果实。

圣甲虫头部前端的部分叫唇基，它大而扁平，前端有六个锯齿，排成一个半圆形，那是用来挖掘和分割的工具。它不仅能把牛粪里没有营养的植物纤维剔出来，甚至还能把牛粪耙干净，搓成团。这团珍贵的牛粪，圣甲虫打算将其改造成一个育儿室，它们一丝不苟地在粪球中间挖出一个巢，在里面产卵孵化。粪便中所有的纤维都会被剔除掉，只留下其中的精华，构成巢穴的内壁。这样，当卵孵化之后，圣甲虫的幼虫就能在居所的内壁吃到最精细的食物，发育得身强体壮，以便长大后能够突破粪球厚厚的外壳。

但如果只是把这团牛粪当作自己的食物，圣甲虫只会粗略地挑拣一下纤维，并不会花太多的功夫。它用唇基分开牛粪，随便去掉一些纤维，三两下就把牛粪团了起来。强壮的足也出了很大一份力，它们形状扁平，呈弧形弯曲，有着强壮的翅脉，末端长着五个强壮的齿。如果需要花大力气搬走某个障碍物，或者在牛粪堆中最致密的部

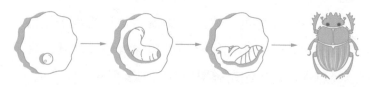

● 发育过程　　圣甲虫的卵被包裹在粪球内，幼虫孵化后以粪球为食，几经蜕皮后发育成熟。

位开出一条路，圣甲虫会用力左右挥动前足，在前方扫出一块半圆形的空地。把地方腾出来后，这些足又有了新的使命：唇基耙过的牛粪被拢进怀里，后面的两对足把粪球抱在腹部，不断转动它。圣甲虫有着细长的足，它们略微弯曲，末端是尖锐的爪子，最后一对足的这些特征尤其明显。它们用圆弧形的足合抱着粪球，不断修饰它的形状。实际上，这些足的作用就是把粪球加工成型。

圣甲虫的肚子下面，粪便在后两对足中间一堆一堆地聚集起来。再轻轻按一下，就初具形状，并带上了腿节的弧度。经过粗加工的粪球在四条腿节之间不断滚动，每一次旋转都让它的形状更加完美。如果表层的粪便缺乏弹性，面临剥落的危险，或者带上了太多的纤维，干扰了它的转动，圣甲虫就会用后方的腿节修饰那些不完美的地方，它们像捣衣杵一样轻轻敲打粪球，给它裹上一层新的粪便，或者把碍事的纤维剔除掉。随着太阳渐渐升高，工作也越来越繁忙，我们不禁要为这些旋工般灵活的足感到惊叹。它们飞快地干着活，小小的粪球一转眼就变成了榛子般大小，马上就要和苹果一样大了。我甚至见过一些贪婪的食客，把粪球做得像拳头那么大。好了，它们接下来好几天都能吃上饱饭了。

粮食已经打包好了，现在它们要做的是从这一片混乱中脱身，把粮食搬到合适的地点。圣甲虫最奇特的生活习性也在此时显露出来。毫不迟疑地，它用两条长长的后足抱着粪球出发，并把爪子的尖端插进去，作为粪球转动的轴，中间的一对足支撑着身体，两只带齿的前足像杠杆一样，交替踩着地面向前走。圣甲虫拖着它的行李，头向下，臀部抬高，身体倾斜。后足发挥了关键作用：它们一刻不停地前后交替运动，改变粪球的旋转轴，使它保持平衡，并从左右两边推动它前进。粪球的各个面轮流接触地面，使得它的外形更加匀称，压力的均匀分布也使得粪球的外壳各处厚薄一致。再加一把劲，出发吧！粪球动了，它滚起来了！虽然路途中必然困难重重，但我们肯定会到达目的地。这时，圣甲虫遇到了第一个难关：它来到一个陡坡，粪球会顺着陡坡滚下去。但圣甲虫就是莫名其妙地选择了这条天然的路线。这可是一个大胆的计划，一旦不慎失足，或者一粒沙子破坏了粪球的平衡，就会功亏一篑。它迈出了错误的一步，粪球沿着斜坡滚了下去，圣甲虫也被带得失去了平衡，摔了个六脚朝天。它马上爬起来，朝粪球奔去，重新整装上路。这台机器工作得更卖力了。当心啊，小傻瓜！沿着谷底走吧，那里的道路更平坦，你可以毫不费劲地推着粪球往前。好吧，它偏偏不那么做。它打算再次爬上斜坡，也许它喜欢回到高处。我对此无话可说，对于居高临下带来的好处，圣甲虫比我更清楚。但是至少要走这条路呀，这边的坡度更加平缓，你可以爬得不那么费劲。不，它才不听我的。它找了一处十分陡峭的地方，它一定爬不上去。真是个顽固的家伙。现在，它像西西弗斯[1]一样，身负着重担，小心翼翼地一步步往后退，将粪球推上斜坡。我们不禁要问，这是怎样的一个力学奇迹。哎呀！一不小心，粪球带着圣甲虫一起滚了下去，前功尽弃。它再次开始了攀登，没多久又翻了下来。这一次，它更加谨慎了。它成功绕过一小段草茎，那正是前几次绊倒它的罪魁祸首。它小心翼翼地拐了个弯，还差一点点就成功了！稳住，稳住，这里危机四伏，一不小心就会前功尽弃。看吧，圣甲虫踩到了一块光滑的砾石，脚下一滑，和粪球一起稀里哗啦地滚了下去。它毫不气馁，再一次站了起来。十次，二十次，它不断挑战着这个斜坡，直到征服这个障碍，或者吸取教训，明白再多的努力也无济于事，于是另选一条比较平坦的路线。

圣甲虫往往不会单独搬运它那珍贵的粪球，它一般会给自己找一个搭档，或者说，总有一个搭档会主动提出合作。但这个搭档不是家人，不是劳动伙伴。这位殷勤的搭档，戴着虚伪而热情的面具，心里却盘算着如何将粪球据为己有。相比自己做粪球的辛苦，去抢一个已经完工的粪球就方便得多了。一旦物主放松警惕，这个合伙人就会带着粪球逃走；如果物主始终密切监视，那么它们就会共进午餐，因为它在搬粪球的时候也出了一份

1　西西弗斯是希腊神话中的人物，因触犯众神而受到惩罚，被要求将一块大石头推上山坡。这块石头十分巨大，每当快要到达坡顶的时候就会再次滚落，西西弗斯只好重新将它推上去，日复一日，永无止境。

力。这样的策略显然稳赚不赔。一些圣甲虫会像我刚才说的那样，殷勤地跑去帮助一个原本不需要帮助的同伴，用热情包装它卑鄙的诡计；另一些则更加大胆，对自己的力量更自信，它们会明目张胆地将粪球抢走。它们一个强迫对方接受自己的帮助，另一个为了避免更严重的后果才勉强接受。不过，它们的相遇总是和平的。物主并没有因为合伙人的到来而放下手头的工作，新来的那位也似乎满怀着好意，马上投入劳动中。两只圣甲虫搬运粪球的方式略有不同。物主总是占据主导位置，它在后方推着重物，后足朝上，头朝下；合伙人在粪球前方，高抬着头，用带锯齿的前足钩住粪球，长长的后足踩在地上。就这样，两只圣甲虫一只在后面推，一只在前面拖，粪球在它们中间滚动着。

两只圣甲虫之间并不总能很好地配合。那位助手转过身，背对着前进的路线，而物主又被粪球挡住了视线。事故接二连三，但它们似乎都很乐意坚持自己的意见。它们一次次跌倒，又马上爬起来，回到自己原先的位置。

屎壳郎是世界上力量最大的昆虫

在平地上，这样的合作方式只能是白费力气，因为它们没有合力朝着一个方向前进。对于后方的那一位来说，它如果自己滚粪球，完全可以滚得更快更好。对合伙人来说也是如此，它已经充分表明了自己的好意，于是不顾破坏合作的风险，停下来不干活了。但它也不会放弃这个珍贵的粪球，因为它已经在心目中将粪球据为己有，一旦它还能碰到粪球，那么粪球就是它的。它才不会犯下这样草率的错误，让物主丢下它自己走掉。

于是，它将足收到肚子下面，趴下来死死抱着粪球，几乎要和粪球连为一体。在物主的努力下，粪球和趴在上面的合伙人一起滚了起来。无论是粪球从它的身上滚过，还是它趴在滚动的粪球上面、下面或者侧面，它都纹丝不动。不光要别人用马车载着它，还要分得一份食物，哪有这样的合伙人啊！不过，如果遇到了斜坡，那么合伙人就得好好出一份力了。在斜坡上，这位合伙人担当起车夫的角色，它用带锯齿的前足钩住粪球，后退着将它拖上斜坡，物主在后面将粪球抬高一点儿。就这样，它们一个在前面拖，另一个在后面推，配合得天衣无缝。我曾见过两只圣甲虫合力将粪球推上高高的斜坡，如果孤军奋战的话，再顽强的圣甲虫也会灰心丧气的。不过，在遇到困难的时候，不是所有的圣甲虫都有这样的干劲。有时候，在最需要齐心协力翻越的斜坡上，一些合伙人偏偏对眼前的困难视而不见。那位倒霉的西西弗斯在后面一次次徒劳无功地努力着，它的合伙人却岿然不动，稳稳地趴在粪球上，随着粪球一次次滚下斜坡，又一次次重新被推上来。

　　圣甲虫的消化系统天赋异禀，独一无二。一旦把食物搬回住所，它就夜以继日地吃着，消化着，直到食物被消耗得干干净净。这是可以证明的。我们打开一个圣甲虫藏身的密室，就能看到它无时无刻不在吃东西，它的身后还有一根长长的"绳子"，像缆绳那样一圈圈盘起来。不用多做解释，你也能猜到这是什么。巨大的粪球一点点消失，进入圣甲虫的消化道中，释放出全部的养分，然后从消化道的另一端排出来。

掘土蜂

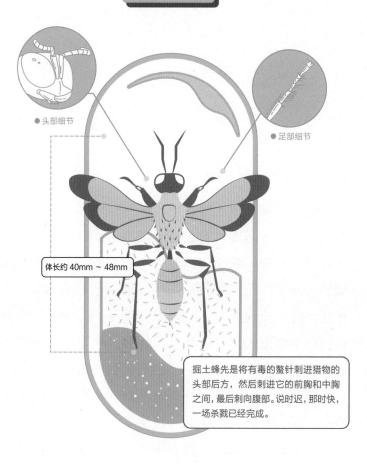

●头部细节

●足部细节

体长约 40mm ~ 48mm

掘土蜂先是将有毒的螯针刺进猎物的头部后方，然后刺进它的前胸和中胸之间，最后刺向腹部。说时迟，那时快，一场杀戮已经完成。

中文学名	掘土蜂	目	膜翅目	地域分布	世界各地
英文名	Digger Wasps	科	泥蜂科	栖息环境	沙地、野花盛开的地方
拉丁学名	Sphex	亚科	泥蜂亚科	成虫寿命	28 天 ~55 天
门	节肢动物门	属	泥蜂属	食性	昆虫
纲	昆虫纲				

毫无疑问，掘土蜂在杀死蟋蟀时使出了自己的看家本领，因此有必要看看它是怎么做的。蟋蟀出现了，掘土蜂望了一眼，就朝它奔过去。蟋蟀惊慌失措，连蹦带跳地逃走了。掘土蜂紧追上去，将蟋蟀扑倒在地。它们打了起来，尘土飞扬，一时间难分胜负。大战三百回合之后，猎手终于取得了胜利。而蟋蟀，尽管它有着强健的足和钳子一般的大颚，也只能被打得四脚朝天。

　　猎手马上开始着手处理它的猎物。它反向趴在猎物身上，用大颚咬住蟋蟀的一根尾须，用前足压制蟋蟀疯狂挣扎的后足。同时，掘土蜂还用中足抱住蟋蟀抽动的腹部，后足压在蟋蟀的头部，迫使其头部后方暴露出来。它把腹部往回收，弯成直角，这样蟋蟀就咬不到了。我激动不安地看到，掘土蜂先是将有毒的螫针刺进猎物的头部后方，然后刺进它的前胸和中胸之间，最后刺向腹部。说时迟，那时快，一场杀戮已经完成。掘土蜂整理了一下自己的仪容，开始将垂死的猎物拖进洞穴，而那只蟋蟀的足还在痛苦地抽搐着。

　　刚才我只是平铺直叙地描述了掘土蜂的捕猎过程，现在我们来仔细分析一下它那高明的战术吧。节腹泥蜂捕猎的对象主要是象甲，象甲没什么行动能力，也几乎不具备攻击性武器，虽然它们胸甲坚硬，但节腹泥蜂总能找到它们的弱点。然而，这里的情况大不相同！掘土蜂的对手有一对令人生畏的大颚，足以将侵略者开膛破肚，它强健的后足如同有着两排锯齿的狼牙棒，足以让它逃离掘土蜂的追捕，或者将掘土蜂一脚踢飞。所以我们可以看到，在用毒针发起攻击之前，掘土蜂还精心做了一些预防措施。它首先将蟋蟀打得翻倒在地，使蟋蟀的后足失去支点，无法跳起来逃之夭夭。如果蟋蟀是处在正常的姿势受到攻击，它一定会这样做的，就像受到节腹泥蜂攻击的象甲一样。接着，蟋蟀带锯齿的足被掘

— 掘土蜂 —

— 节腹泥蜂 —

土蜂的前足按着，无法进行反抗；它的大颚又被掘土蜂的后足顶着，尽管它们一开一合，气势汹汹，却什么都咬不到。然而，对于掘土蜂来说，这些还不足以完全消除猎物对它的威胁，它还得紧紧勒住蟋蟀，使其动弹不得，以免让毒针刺偏了地方。所以，也许是为了使蟋蟀的腹部无法动弹，掘土蜂才将它的一根尾须咬住，太奇妙了！就算我们尽情发挥丰富的想象力来制订一份进攻计划，也无法找到比这更好的办法，就算是来自古代角斗场的斗士，在和对手肉搏时也不会有比这更经过深思熟虑的谋略。

就像被节腹泥蜂的螯针刺伤的象甲一样，被掘土蜂袭击的蟋蟀并没有死去，尽管它们看起来毫无生机。实际上，如果我们仔细观察一只被掘土蜂刺伤的仰卧的蟋蟀，持续观察一两周，就会发现它的腹部仍然在有规律地搏动，缓慢地一起一伏。掘土蜂的幼虫只要不到两周就能结茧化蛹，在这期间它们一直能吃上新鲜的食物。

狩猎工作已经完成。一个洞穴中放着三四只蟋蟀，摆得整整齐齐，它们仰面躺着，头朝里，脚朝外。掘土蜂在其中一只蟋蟀身上产下一枚卵，现在它要做的就是把洞口封起来。挖洞时被刨出来的沙子都堆在洞口，掘土蜂麻利地将它扫进走廊。它不时用前足拨拉着沙土，挑出体积足够大的石块，用大颚将它叼走，去加固脆弱的沙土墙。如果缺乏用于建造大门的材料，掘土蜂就会到附近寻找。它精挑细选，就像泥瓦工挑选建筑材料一样。植物的残骸也会被用来建造大门，比如小树枝和风干的树叶。不一会儿，地面就被弄得平平整整，将洞穴完美地隐藏了起来。如果我们不事先在附近做个记号，用肉眼是没法找到这里的。一个新的洞穴挖好了，它非常隐蔽，储备了充足的粮食，满足了掘土蜂幼虫生长发育的一切需求。一旦它的卵顺利孵化，幼虫就能衣食无忧地成长，直到初冬的第一次寒潮结束它充实的一生。

掘土蜂的任务已经完成。在我们结束之前，我还要观察它的武器。产生毒液的器官由两根管道组成，它们一端生出许多分支，另一端通往同一个梨形的毒囊。毒囊上伸出另一根纤细的管子，它沿着螯针延伸，将毒液带到螯针的尖端。螯针非常细，想想掘土蜂的体形和它攻击蟋蟀时展示出的巨大威力，你会觉得这螯针小得不可思议！掘土蜂的螯针很光滑，不像蜜蜂的螯针那样长着倒刺，其中的原因很简单。蜜蜂的螯针是用来复仇的，它的目的是让敌人感到疼痛，即便要付出自己生命的代价。蜜蜂能用螯针上的倒刺破坏伤口周围的组织，但它腹部末端的内脏也会受到牵拉，造成致命的伤害。如果掘土蜂装备了这样的武器，第一次出征就会因此丢了性命，那么这武器对它来说有什么用呢？对掘土蜂来说，螯针的作用不过是刺伤为幼虫准备的猎物。我怀疑，即使带着倒刺的螯针能够拔出来，掘土蜂也不会选择它。

带倒刺的螫针是一种华丽的武器，拔刀相向、报仇雪耻的过程虽然痛快，但这快感代价不菲，热衷复仇的蜜蜂有时会为此赔上性命。而对掘土蜂来说，螫针是一种实用的工具，它决定着幼虫的未来。在和猎物搏斗的时候，螫针必须便于使用，既能刺进猎物的肌肉，又能顺利地拔出来，所以一根光滑的毒针会比有倒刺的毒针更合适。

掘土蜂攻击身强力壮的猎物时速度快得惊人，所以我想通过亲身体验，看看被它螫一下会有多疼。但是，我要满怀惊奇地告诉你，这种疼痛简直微不足道，和被蜜蜂或生性暴躁的胡蜂螫了的感觉根本无法相提并论。在进行观察的时候，我可以大胆地徒手去抓活的掘土蜂，用不着使用镊子。

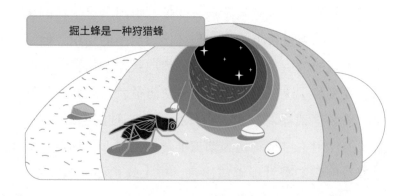

掘土蜂是一种狩猎蜂

多毛长足泥蜂

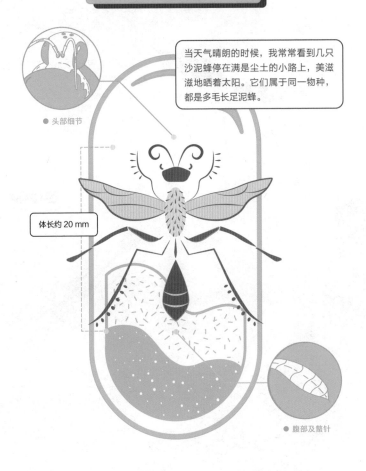

● 头部细节

当天气晴朗的时候，我常常看到几只沙泥蜂停在满是尘土的小路上，美滋滋地晒着太阳。它们属于同一物种，都是多毛长足泥蜂。

体长约 20 mm

● 腹部及螯针

中文学名	多毛长足泥蜂	门	节肢动物门	地域分布	在各地都很常见
英文名	Digger Wasps	纲	昆虫纲	栖息环境	沙地、野花盛开的地方
拉丁学名	Podalonia hirsute	目	膜翅目	成虫寿命	28 天~55 天
		科	泥蜂科	食性	花蜜、毛虫

现在已经接近五月中旬，当天气晴朗的时候，我常常看到几只沙泥蜂停在满是尘土的小路上，美滋滋地晒着太阳。它们属于同一物种，都是多毛长足泥蜂。早春时节，在其他蜂类狩猎者还蜷缩在茧里冬眠的时候，毛刺沙泥蜂就出来捕猎了。它给毛毛虫动手术，几次刺中毛毛虫的各个神经节，把它做成给幼虫的储备粮。这种活体解剖如此奇妙，我只见过一次，很渴望再看一遍。我还要再补充一句，我渴望看到的场面十分有趣，就算看上一百遍也不会觉得乏味。

因此，一见到这种沙泥蜂，我就密切监视它们。它们离我的家门只有几步之遥，我只要不偷懒，一定能赶上它们捕猎的场面。然而，三月和四月过去了，我仍然一无所获。也许是因为它们筑巢的时节还没到，但更可能的原因也许是我监视得不够勤快。直到五月十七日，幸运之神终于降临了。

几只沙泥蜂出现了，它们似乎十分忙碌。让我们观察其中最活跃的一只吧。当时我正在小径被踩得密密实实的土地上，对着它的窝挖最后几下，然后就发现了它。它正拖着一条被麻醉了的毛虫，来到离洞穴几米远的地方。它先抛下毛虫，去确认洞穴已经准备完毕，洞口足够宽大，然后回来寻找这庞大的猎物。它很快就找到了。这是一条地老虎的幼虫，它躺在地上，上面已经爬满了蚂蚁。虫子被啃得面目全非，让狩猎者倒了胃口。许多膜翅目的猎手都是这样，喜欢把猎物放在一边，然后去修缮洞穴，有些甚至这时候才开始着手挖洞。为了防范抢劫者，它们一般把猎物放在高处，或藏在草丛里。沙泥蜂精通这一套谨慎的防范措施，但也有可能百密一疏，或者这沉重的猎物半路上掉了下来，成了蚂蚁的美餐。蚂蚁们争先恐后地冲上去撕咬虫子，你根本没法赶走这些强盗，它们前赴后继。沙泥蜂也许意识到了这一点，默默接受了猎物被抢走的事实，毫不犹豫地出发寻找新的猎物。

狩猎在离巢穴半径十米左右的地方展开。沙泥蜂不紧不慢地巡视着，用弧形的触角探查地面。裸露的土壤、地上的石头和草丛都被仔细检查过了。那正是阳光最猛烈的时候，天气十分闷热，预示着明天会下一场雨，很可能今晚就会下起来。在这样的天气里，一连三个小时，我目不转睛地盯着它。它现在就需要一条地老虎，但要找到却谈何容易！我看着它坚持不懈地在一些有裂缝的地方搜寻着。它疲惫不堪，但还在扫视着地面；它用尽了力气，把一块杏核大小的土块掀了起来。不过，它很快就放弃了这些地方。我开始怀疑，虽然我们四五个人忙活了半天都没找到地老虎，但这不等于说昆虫也同样笨拙。人办不到的事情，昆虫通常能办到。它们有极其敏锐的感觉指引着，不会一连几个小时都徒劳无功的。也许是预感到将要下雨，虫子躲到地下深处了。捕猎者知道它藏在哪儿，但没法将它从深深的洞里挖出来。如果沙泥蜂在一个地方刨了几下然后放弃，那不是因为它缺乏智慧，而是因为无能为力。所以，在沙泥蜂刨过的地方，下面一定躲着一条地老虎，但沙泥蜂没法把它挖出来。我为什么没有早点儿想到这个呢？我真是太蠢了！偷猎专家才不会在没有猎物的地方浪费精力！

沙泥蜂告诉我虫子藏在哪儿，然后我决定帮它一把，用小刀把虫子挖出来。就这样，我又找到了一条地老虎，然后是第三条、第四条。地老虎藏身的地点往往在裸露的地面之下，而且这块地几个月前被铁锹翻过，从地面上完全看不出里面有虫子。只要我愿意给沙泥蜂帮忙，它就能带我找到，要多少有多少！

现在，我手头上已经有了不少交易的筹码，就让沙泥蜂享用我帮它挖出来的第五条虫子吧。接下来，我要用几段话描述眼前发生的精彩画面。我就趴在地上，近距离观察这狩猎的场面，绝不放过一个细节。

1. 沙泥蜂用钳子般的大颚咬住毛虫的背，毛虫奋力挣扎，柔软的尾部扭来扭去。沙泥蜂无动于衷，它待在一旁，免得被毛虫打到。它把刺扎进毛虫头部和第一节躯体之间的关节里，在腹部正中身体轴线的地方，那里的皮肤最为薄弱。毒针在伤口里停留了一会儿，似乎那里是最重要的一击，它能够制服毛虫，让毛虫便于摆布。

2. 沙泥蜂抛下猎物，跳起了狂乱的舞蹈。它时而匍匐在地，时而翻滚转动；它的腿脚时而抽搐，时而颤抖；它的翅膀扑扇着，看起来仿佛随时有死亡的危险。我害怕沙泥蜂在捕猎中受到了致命的打击，担心这位英勇的猎手就这样悲惨地死去，让我几个小时的等待付诸东流。但是很快，沙泥蜂就平静下来，掸掸翅膀，梳理触角，又迈着敏捷的步伐奔向毛虫。我以为刚才看到的痉挛是死亡的前兆，实际上却是胜利的舞蹈。沙泥蜂用自己独有的方式，为征服了这样一头怪兽表示欣喜。

3. 沙泥蜂忽然咬住毛虫的背部，位置比刚才袭击的部位更靠后一些，然后刺了第二下，还是刺在腹部那一面。就这样，它在毛虫身上一步步后退，每一次咬的部位都比前一次更靠后一些。它用钳子般的大颚咬住毛虫的背，把针扎进毛虫的下一个体节里。它每扎一次就后退一节，精确得如同拿着尺子在丈量一般。每后退一步，螯针就扎在下一个体节上。胸部的三个长着胸足的体节都被刺过了，接下来是两个无足的体节，最后是四个长着腹足的体节。沙泥蜂一共刺了九下。最后的四节身体被忽略了，其中三节是无足的，最后一节，也就是第十三个体节长着腹足。整个过程没有遇到什么困难，毛虫被刺了第一下之后就没有什么反抗能力了。

4.最后，沙泥蜂张开大嘴，咬住毛虫的头部。它非常小心，没有咬破毛虫的皮肤，而是一口一口慢条斯理地咬着，似乎在评估每一下产生的效果。每咬一口，它都要停下来等一会儿，然后再咬下一口。为了达到理想的效果，对头部的操作要有限度，一旦超过了限度，毛虫就会马上死去，然后很快腐烂。所以，沙泥蜂啃咬的力度很有节制，但次数很多，有二十几下。

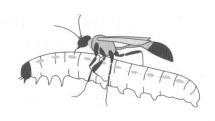

多毛长足泥蜂捕食地老虎

蜾蠃

蜾蠃有着出色的建筑才能,它们的才能在那高度完美的蜂巢上体现得淋漓尽致,让初次见到它的人为之倾倒。它们的巢穴堪称大师的杰作。

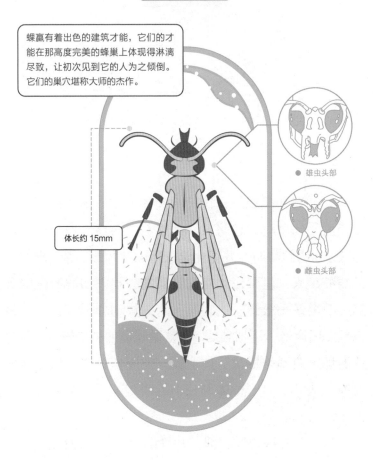

体长约 15mm

● 雄虫头部

● 雌虫头部

中文学名	蜾蠃		目	膜翅目	地域分布	世界各地
英文名	Potter Wasps		亚目	细腰亚目	栖息环境	草丛
拉丁学名	Eumeninae		科	胡蜂科	成虫寿命	28 天~55 天
门	节肢动物门		亚科	蜾蠃亚科	食性	昆虫幼虫
纲	昆虫纲					

它披着和胡蜂一样黑黄相间的外衣，体态修长，步履轻盈。休息时，翅膀并非平展着，而是沿着长边对折起来。它的腹部有点儿像化学家用的曲颈瓶。靠近尾部的一端鼓起来，呈梨形；靠近胸部的一端则如同瓶子的颈部，细得像一根绳子。它起飞的时候动作很轻，飞行时也不发出声音，习惯独居。这就是蜾蠃的白描形象。我生活的地区有两种蜾蠃，体形较大的叫树黄斑蜾蠃，体长大约一法寸；另一种体形较小的叫点蜾蠃，个头只相当于前者的一半。

　　这两类蜾蠃外貌相似，并且都有着出色的建筑才能。它们的才能在那高度完美的蜂巢上体现得淋漓尽致，让初次见到它的人为之倾倒。它们的巢穴堪称大师的杰作。不过，蜾蠃也干着杀戮的勾当，这对艺术家来说不是一件好事。它们用毒针蜇猎物，还强取豪夺。它们习性凶残，用毛虫喂养自己的幼虫。把它们的习性和多毛长足泥蜂进行对比一定很有意思，这两种昆虫的猎物都是毛虫，但种类不同。也许是不同物种的天性差异，我们在观察蜾蠃的时候仍然可以得到一些新的知识。何况，光是它的窝就值得一看。

它们用灰浆和石砖建造房屋，有时建在露天空地上，有时建在石头上，有时建在摇摇晃晃的树枝上。建筑工作和捕猎交替进行，就像维特鲁威[1]和宁录[2]轮番登场。首先，这些泥瓦匠会选择什么样的地方建房子呢？如果你在酷热的正午时分经过某段朝南的墙，请细细查看那些没有被抹上灰浆的石头，尤其是较大的石块，或者看看露出地面不太多的大石头，它们被阳光烤得滚烫，就像土耳其浴室里的石头一样。如果你足够认真，那么也许能找到树黄斑蜾蠃的窝。这种昆虫不太常见，它独居，要想遇到它可不太容易。它来自非洲，喜欢炎热的气候，那种热度足以把角豆树和海枣的果实烤熟。它的窝常常搭在阳光充足的地方，在不会晃动的石头上。有时候它也会在一块鹅卵石上筑巢，就像壁石蜂一样，不过这种情况非常罕见。

选好筑巢的地点后，蜾蠃先建起一圈圆形的围墙，厚度大约三毫米。砌墙的材料是灰浆和小石头。工地设

---

1 尔库斯·维特鲁威·波利奥（Marcus Vitruvius Pollio），古罗马作家、建筑师和工程师。
2 宁录（Nimrod）是《圣经·创世纪》中的人物，是一个好斗而残暴的猎户。

在被人踩实了的小路旁，或者附近大路边最为干燥、坚硬的地方。树黄斑蜾蠃拿大颚的尖端扒着土，用唾液润湿扒下来的灰尘，得到了真正的灰浆。这灰浆干得很快，而且干透之后就不怕水的侵蚀。石蜂也会在人来人往的小路边耙土，或者在被养路工的石碾压平的碎石路上。这些露天建房子的工人需要十分干燥的粉末，因为潮湿的粉末不能很好地吸收唾液，没法牢固地黏结，很容易被雨水冲垮。蜾蠃有着粉刷匠的敏锐眼光，它们拒绝采用容易开裂的材料。我们稍后还会看到，喜欢在有遮蔽物的地方筑巢的建筑师们不会干这种艰苦的活儿，它们更愿意选择湿润的、容易成形的泥土。如果一般的石灰能用，谁还会花力气去生产罗马水泥呢？但树黄斑蜾蠃需要最优质的水泥，要比壁石蜂所用的水泥更加坚固，因为壁石蜂会在蜂巢群外面加上一层厚厚的保护层，而它的巢穴是裸露的。而且，它们也会尽量选择大路边作为采石场。

除了泥灰之外，蜾蠃还需要一些砾石。它们选取大小相近的石块，每一块像一颗胡椒那么大。在不同地点采到的石头形状和材质大不相同，有些石头有尖锐的棱角，每个断面都是随机形成的，有些石头被水流冲刷得光滑圆润。如果附近条件允许，蜾蠃会选择光滑、半透明的石英颗粒。每一块石头都是精心挑选的。蜾蠃似乎会掂量掂量石头，用大颚判断它的大小和硬度是否让自己满意。

我们说过，蜾蠃的半球形巢穴建在裸露的石头上。灰浆凝固不需要太长时间，在这之前，蜾蠃会把一些石块填进柔软的灰浆里。它们将砾石半埋在水泥中，使它大部分露在巢穴外面，而不是穿过墙壁。巢穴的内壁应当光滑平整，幼虫才能住得更舒服。如果有必要，蜾蠃还会在巢穴内壁上涂一点儿泥灰，来抹平墙上的突起。填充砾石和涂抹灰浆的工作交替进行，房子每加高一层，泥蜂都会在上面嵌进一些小石子。随着围墙的增高，建筑师不断让它向中心倾斜，使巢穴最终成为半球形。我们通常用拱形脚手架来搭建半球形屋顶，但蜾蠃比我们大胆，它直接在半空中施工。

蜾蠃在屋顶的最高处开一个圆孔，用水泥砌成一个喇叭形的口。当蜂巢建好后，蜾蠃在里面产下卵，并用水泥将洞口封起来。它还在塞子上镶嵌一块小石子，不多不少，如同某种神圣的仪式。这简陋的建筑物并不怕风吹日晒，用手指压也压不坏，你甚至没法用小刀把它整个撬起来。它那乳头般隆起的形状、外表遍布的砾石，令人想起远古时期留下来的巨石阵。

蜾蠃是在准备好食物之后才开始产卵的，并且卵的性别还不确定，即使最仔细的检查也不能判断一颗卵孵出来的幼虫会是什么性别。因此，我们不得不推断出这样一个奇异的结论：母亲在产卵之前就知道卵的性别，这种预见让它得以根据幼虫的胃口来分配不同分量的食物。这是一个多么奇妙的世界，与我们的世界如此不同！我们曾经认为沙泥蜂具有某种特殊的官能，以此解释它的捕猎，但我们该如何解释这种预知未来的能力呢？偶然论能否解答这个神秘的问题？如果蜾蠃没有为达成某个目的而进行任何规划，那么它又怎么能够预见这不可知的未来呢？

我们来看看蜾蠃的菜单上有哪些美食吧。尽管这工作有些枯燥乏味，但还是有价值的，我们可以通过菜单了解蜾蠃在本能的范围内，怎样根据不同的时间和地点调整食谱。菜单上的食物很多，但种类缺乏变化，主要是各种个头较小的毛虫，也就是小型蝴蝶的幼虫。通过观察两类蜾蠃猎物的身体结构，我们可以断定那就是毛虫。它们的身体有十二节，不包括头部。最前面的三个体节长有胸足，随后是两个无足的体节，接下来是四个长着腹足的体节，然后又是两个无足的体节，最后一节身体也长了一对尾足。这个身体结构和我们前面看到的沙泥蜂捕食的地老虎完全相同。

— 蜾蠃的巢 —

动物的智力

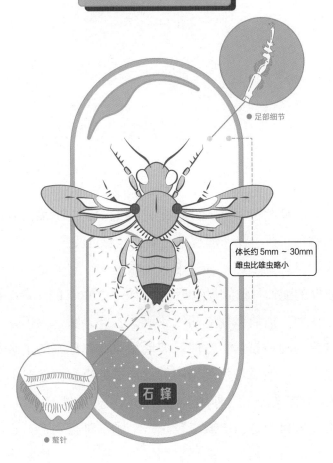

足部细节

体长约 5mm ~ 30mm
雌虫比雄虫略小

石 蜂

螫针

动物有一种人类不具备的，甚至根本无法想象的能力，它指引着鸽子、燕子、猫、石蜂还有其他动物回到自己的居所。

即使将鸽子送到几百里外的地方，它也能回到自己的鸽棚。燕子在非洲越冬之后，能够远渡重洋回到家乡，找到自己的旧居。在这漫长的旅途中，它们是如何确定方向的呢？是依靠视觉吗？《动物的智力》的作者图塞内尔认为，信鸽靠视觉和气象辨认方向。图塞内尔是一位睿智的观察家，尽管他对玻璃箱里动物标本的了解不如他人，但他对自然环境中的动物了如指掌。他在书中提道："在法国，这种鸟类能够凭经验知道寒流来自北方，炎热来自南方，干燥来自东方，潮湿来自西方。它具备丰富的气象知识，能够根据天气判断方位，确定飞行的方向。如果将信鸽装进篮子里，盖上盖子，从布鲁塞尔运到图卢兹，那么它一定不能用眼睛把走过的路记下来，但任何人也无法阻止它感受到空气中的热度，并由此推断自己正去往南方。到了图卢兹，鸽子被放出来，它已经知道要向北飞行才能回到鸽棚，所以一直朝着这个方向飞，直到觉得空中和它所居住的地方温度一致，它才会停下来。如果它不能一下子找到鸽棚，一定是因为它飞行的时候偏左或偏右了。无论如何，它只要花上几个小时，沿着东西方向找找，就能纠正路线的偏差，找到自己的鸽棚。"

如果鸽子仅沿着南北方向旅行，那么这个解释是很有吸引力的。但是，如果鸽子沿着东西方向飞，在一条等温线上移动，这就说不通了。这个论断还有一个缺点，就是不能推广到其他动物身上。猫能够走过迷宫般的街巷，穿过大半个城市回到家里，尽管它是第一次走那条路，这就不能用视觉记忆来解释，更别说气候的影响了。我的石蜂能够回到蜂巢，也一定不是因为视觉，尤其是它们在密林中穿行的时候。石蜂飞得不高，离地面只有两三米，如何能一眼看到附近一带的全貌，更别说像绘制地图一样记住整个地貌了。

再说，它们为什么要了解地形呢？它们只是犹豫了一会儿，围着实验者绕了几圈，就朝着蜂巢的方向飞走了。尽管丛林挡住了视线，尽管丘陵绵延不断，它们还是贴着地面飞上山坡，回到蜂巢中。视觉能够帮助它们避开障碍物，却无法告诉它们该往哪个方向飞。气候在这里也发挥不了作用，它们只离开了几公里，两地的气候没什么差异。对暑气和寒流、干旱和潮湿的感觉也不能教会泥蜂什么东西，因为它们只能活几个星期，哪来得及积累足够的经验。而且，即使泥蜂掌握了其中的奥秘，也没法据此判断回家的方向，因为放飞的地点离它们的巢并不远，两地天气完全相同。对于这些神秘的现象，我们只能做出一个同样神秘的解释：这些动物具备一种人类没有的特殊感觉。达尔文的权威不容否认，他也得出了同样的结论。想知道动物能否感觉到大地电流，会不会受到附近一根磁针的干扰，这难道不就是承认动物具有感知磁场的能力吗？人类有没有类似的能力？注意，我说的是物理上的磁，而不是梅斯梅尔[1]或卡廖斯特罗[2]所说的磁。人类显然不具备任何相似的能力。假如水手自己就是个罗盘，那么他还要罗盘干什么？

　　达尔文这位大师承认，动物有一种人类不具备的，甚至根本无法想象的能力，它指引着鸽子、燕子、猫、石蜂还有其他动物回到自己的居所。至于这是不是感知磁场的能力，我对此不做定论，但能够为证明这种能力的存在做出一些贡献，我已经心满意足了。如果人类也能拥有动物的这种能力，这会是多么了不起，又会给人类带来怎样的进步啊！为什么我们被剥夺了这种能力

1　弗朗兹·梅斯梅尔（Franz Mesmer, 1734—1815），德国医生。他提出了"人体磁场学说"，认为有某种普遍的"磁流体"或磁力渗透人体，磁场的扰乱会引发疾病，通过磁疗、催眠等方式可以改变磁场，治疗疾病这个理论在当时具有广泛的影响力，后被安托万·拉瓦锡、本杰明·富兰克林等人证伪。

2　卡廖斯特罗（Cagliostro），原名乔赛普·巴萨莫（Giuseppe Balsamo），18世纪的意大利探险家、魔术师江湖骗子，在欧洲兜售"长生不老药"。

呢？在生存的竞争中，这会是一件多么强大的武器啊！如果就像人们断言的那样，所有的动物，包括人在内，都是由同一个模子、同一个原始细胞衍生而来，并在漫长的岁月中不断进化，优胜劣汰，那么为什么这种奇妙的能力仅仅存在于几种微不足道的动物身上，而贵为万物之灵的人类却没有留下半点儿痕迹？我们的祖先居然丢失了如此宝贵的遗产，实在太不明智了，这远比一节尾椎、一根胡子更值得保留。

红牧蚁

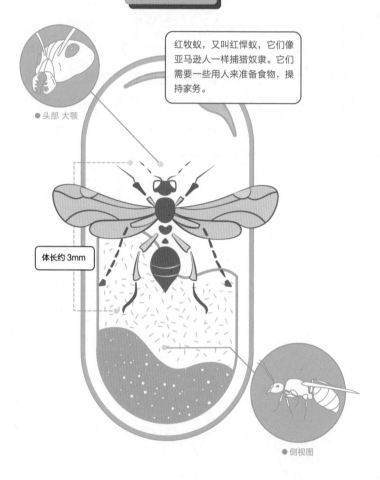

● 头部 大颚

红牧蚁，又叫红悍蚁，它们像亚马逊人一样捕猎奴隶。它们需要一些用人来准备食物，操持家务。

体长约 3mm

● 侧视图

中文学名	红悍蚁	目	膜翅目	地域分布	中国新疆、欧洲和西亚
英文名	Red Ant	亚目	细腰亚目	栖息环境	灌丛间、草原地带
拉丁学名	Polyergus rufescens	科	蚁科	成虫寿命	6 个月以上
门	节肢动物门	亚科	蚁亚科	食性	杂食性，依靠蚁奴提供食物
纲	昆虫纲	属	悍蚁属		

红牧蚁，又叫红悍蚁，它们像亚马逊人一样捕猎奴隶。它们不善于哺育后代，也不知道怎么寻找食物，就算食物就在眼前也不知道伸手去拿。所以，它们需要一些用人来准备食物，操持家务。为了壮大自己的家族，红牧蚁会抢劫附近不同品种的蚂蚁，把蛹搬回自己的窝里。不久后，蛹羽化了，变成了勤快的用人。

　　在六七月炎热的午后，我常常看到这些亚马逊人从营房出发，踏上征途。它们的队伍足有五六米长。如果一路上没有什么值得注意的东西，它们便保持着整齐的队形继续前进。一旦发现前方似乎出现了一个蚁丘，领头的蚂蚁就停下来，聚成乱哄哄的一堆，后面的蚂蚁大步跟上，越聚越多。一些侦察兵前去打探情况，发现这是个假情报，于是蚁群重新排好队，继续往前走。这伙强盗大摇大摆地穿过花园，消失在草丛中，随后在远处重新出现，又钻进枯叶堆里。它们漫无目的地游荡，最后终于找到了一个黑毛蚁的巢。红牧蚁一哄而上，冲进放着蛹的育儿室，然后带着战利品跑出来。此时，在这个地下城堡的门口，一大群黑毛蚁赶来保卫它们的财产。但战斗双方的力量实在太悬殊了，结果毫无悬念。红牧蚁轻松获胜，每一只都用大颚叼着一个蛹，满载而归。

这伙强盗出征的距离时远时近，取决于附近黑蚂蚁窝的数量。有时候它们只要走十几步，有时候却要走上几十步，甚至更远。只有一次我看到它们走出了花园。这些亚马逊战士翻过四米多高的围墙，一直走到附近的麦田里。它们并不在乎要走哪条路。无论是裸露的地面、茂盛的草坪、成堆的枯叶，还是乱石堆、砖墙和杂草，它们都一视同仁，没有特别喜欢或不喜欢的道路。

然而，红牧蚁回窝的路却是十分确定的。出发的时候走哪条路，回来的时候就走哪条路，无论它多么曲折，多么坎坷。它们带着战利品，沿着来时的路往回走。那条路受到各种意外事件的影响，往往七拐八拐，十分复杂。但是，原来走过哪些地方，红牧蚁就一定要再次经过，这是一条雷打不动的纪律。即使带着猎物赶路更加辛劳，也更加危险，它们也要原路返回。

红牧蚁认路靠的就是视觉，还有它们对地点的记忆。它们的记忆至少可以保留到第二天，甚至维持更长时间。这记忆力十分忠实可靠，它指引着红牧蚁走过各种各样的地貌，沿着之前走过的路前进。红牧蚁肯定没有其他膜翅目昆虫所具备的方向感，它只能记住去过的地方，仅此而已。只要偏离了相当于人类走两三步的距离，红牧蚁就会迷失方向，没法和同伴团聚。但即使把石蜂带到几公里外，它们也不会在陌生的空域中迷路。只有少数几种动物拥有这奇妙的能力，而人类却不具备，我曾对此感到十分惊讶。人与动物的差别很大，这不免会引起争论。然而现在，我们仅仅考虑两种不同的膜翅目昆虫，它们之间的差异非常小。那么，为什么几乎是从同一个模子里出来的两种生物，一种具备这样的感觉，另一种却不具备呢？多一种感觉，这个特征可比身体结构的差异要大得多，我等着进化论者给我一个有说服力的答案。

蛛蜂

蛛蜂捕食蜘蛛，并且也是一位在地上挖洞的工人。它们用猎物喂养幼虫，同样，它们也会先捕捉猎物，使其瘫痪，然后再建造洞穴。

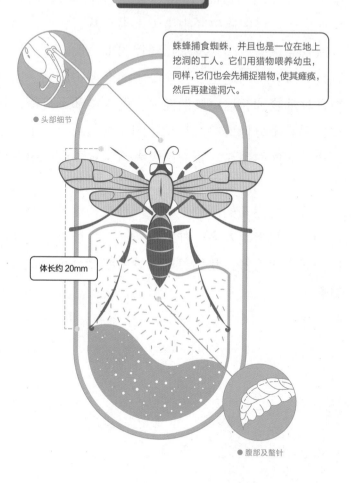

● 头部细节

体长约 20mm

● 腹部及螯针

中文学名	蛛蜂	门	节肢动物门	地域分布	世界各地
英文名	Spider Wasps	纲	昆虫纲	栖息环境	草丛
拉丁学名	Pompilidae	目	膜翅目	成虫寿命	2 个月~4 个月
		科	蛛蜂科	食性	蜘蛛

蛛蜂捕食蜘蛛，并且也是一位在地上挖洞的工人。它们用猎物喂养幼虫，同样，它们也会先捕捉猎物，使其瘫痪，然后再建造洞穴。带着沉甸甸的猎物去寻找适合筑巢的地方实在太累赘了，所以蛛蜂会把猎物放在高处，比如草丛或灌木丛上，免得自己不在的时候，其他昆虫跑来偷吃，尤其要提防蚂蚁。把战利品放好之后，蛛蜂就去寻找适合挖洞的地方，开始筑巢。在施工的过程中，蛛蜂时不时跑回来看看捕到的蜘蛛，轻轻咬一口，或者拍拍它，仿佛在欣赏自己的捕猎成果，然后又回到工地上继续干活。如果发生了什么事，让蛛蜂感到不放心，它就不光要跑回去看，还要把猎物拖到离工地近一些的地方，并且仍然放在草丛之类的高处。这就是蛛蜂挖洞的过程，我很容易插手其中，看看蛛蜂的记忆力可以达到什么样的程度。

当蛛蜂忙着在工地上干活的时候，我把它的猎物拿走，放在一个空旷的地方，离原来的地点半米左右。随后，蛛蜂回来检查猎物了。它直奔自己最初存放猎物的地方，它对自己选择的方向深信不疑，显然有十足的把握，这可能是因为它之前多次回来检查猎物。我不考虑它以前是不是来过这里。第一次回来的时候可以忽略不计，但接下来几个来回就比较有说服力了。现在，蛛蜂毫不费力地回到了存放猎物的草丛。它在这里踱来踱去，仔细搜寻，在原来放着蜘蛛的地方反复查看。最后，它终于相信猎物已经不在那里了，就开始在周围细细寻找，同时用触角敲打着地面。它慢慢往前走，忽然看到了我放在开阔处的猎物，于是大吃一惊，猛地后退了一步。它似乎在想：它还活着吗？还是死了？那真的是我的猎物吗？得小心一点儿！

然而它并没有迟疑很长时间。猎手咬住蜘蛛，后退着把它拖到另一片草丛上，仍然放在高处。这里离它第一次存放猎物的地点两三步远。然后它又回到之前的工地上。我再次移动蜘蛛的位置，把它放在稍远一些的一片光秃秃的地面上。这种情况很适合观察蛛蜂高超的记忆力。有两片草丛作为临时存放猎物的地方，它能精确地回到第一片草丛，可能是因为之前来过多次，有比较深刻的印象，我对此并不确定，但它对第二片草丛肯定只有一个模糊的印象。因为它并没有深入探索那个地方，就把蜘蛛放在那里，并且停留的时间很短，只够把蜘蛛挂在草丛高处。这是它第一次见到这第二个存放点，并且是匆忙之中看到的。这样的匆匆一瞥能让它留下准确的记忆吗？而且，它还有可能把两个地方搞混，或者误以为是同一个地点。现在蛛蜂会往哪边走呢？

蛛蜂离开了工地，又回来检查猎物。它直奔第二个存放点，花了不少时间寻找失踪的猎物。蛛蜂十分确信猎物就在那儿，在第二个存放点，不在别处。它一次也没有回到第一个存放点，那里对它来说已经什么都不是了，它只关心第二个地方。然后，它又开始在四周搜寻，在那块光秃秃的地面上找到了猎物，是我把猎物放在那儿的。接着，它迅速把猎物放在第三个草丛里就回去干活了，实验重新开始。这一次，它仍然直奔第三个存放点，对前两个不屑一顾，显然对自己的记忆十分自信。我又重复了两次这样的实验，它总能回到自己最后一次存放猎物的地点。这个小东西的记忆多么令人惊叹！

我还要补充一句：蛛蜂的视力很差，它好几次从离蜘蛛只有两法寸远的地方经过，却没有发现猎物。

欧狼蛛

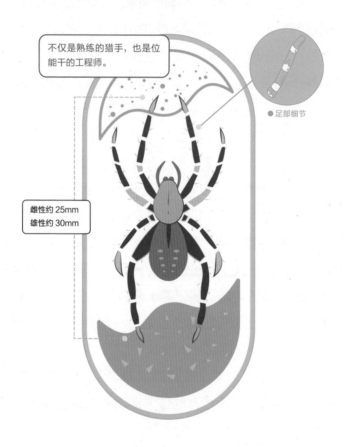

不仅是熟练的猎手，也是位能干的工程师。

● 足部细节

雌性约 25mm
雄性约 30mm

中文学名	欧狼蛛	纲	蛛形纲	地域分布	欧洲地中海地区
英文名	Tarantula Wolf Spider	亚纲	柄腹亚纲	栖息环境	干燥、植被少的地方
拉丁学名	Lycosa tarantula	目	蜘蛛目	成虫寿命	2 年 ~3 年
门	节肢动物门	亚目	新蛛亚目	食性	昆虫
亚门	螯肢亚门	科	狼蛛科		
		属	狼蛛属		

这里引用杜福尔曾经在西班牙观察欧狼蛛时所做的笔记：

"欧狼蛛喜欢居住在干燥、草木不生、能够晒到太阳的空地上。发育成熟的狼蛛会在地下坑道或碎石堆中挖一个洞穴，洞穴是圆柱形的，直径大约一法寸，深一法尺有余，但它并非垂直向下，而是一道曲折的走廊。看来，屋主不仅是熟练的猎手，也是位能干的工程师。它并非只想着建一个幽深的洞穴，以躲避捕食者的追捕，还需要一个便利的观察所，以便于发现路过的猎物，及时扑上去。狼蛛充分考虑了这些功能，它的地下居所先是一个垂直的深井，然后在四五法寸左右的地方拐弯，形成一个钝角，连着一条横着的走廊，最后又是一口垂直的井。狼蛛就待在洞穴的拐弯处，像哨兵一样警惕地盯着洞口。当我捕捉时，还能看见它钻石般的眼睛在幽暗的洞里闪闪发亮，就像躲在暗处的猫。

"在欧狼蛛的洞穴入口处常常有一根管子，那是它自己制作的。这真是大师级的建筑。它大约有一法寸高，直径有时能达到两法寸左右，比洞穴还要宽。这样的结构似乎是蜘蛛精心计算的结果，在它出去捕捉猎物的时候，宽大的洞口能避免束缚行动。管子主要由碎木头构成，用一点儿黏土粘住。木头摆得非常精致，一层一层地叠起来，组成了精致的圆柱形脚手架，中间是空的。管壁上有特殊的保护层，使得这个堡垒分外牢固，那是蛛丝织成的毯子，一直延伸到洞穴的入口内部。我们不难想象这个精巧的保护层有多大的用处，它能防止管道倒塌或者变形，保持洞穴的清洁，还便于让狼蛛从地下城堡里爬出来。

"据我的观察，并不是所有的洞穴外面都有这样的堡垒。实际上，我也常常见到几乎没有在地面上留下任何痕迹的狼蛛洞穴，也许是它们的堡垒被狂风大雨毁坏了，或者狼蛛没有找到合适的建材。还有一种可能，就是狼蛛也许要到完全发育成熟，体能和智力达到顶峰之后，才会表现出这卓越的建筑才能。"

法国狼蛛

这是位大胆的猎人，它全靠自己的技艺谋生。

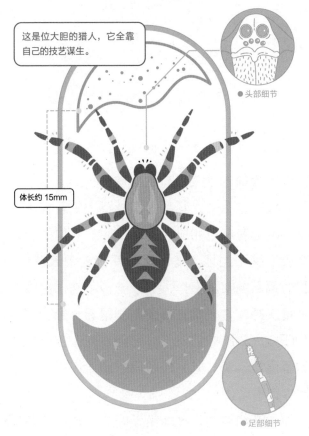

● 头部细节

体长约 15mm

● 足部细节

中文学名	法国狼蛛	纲	蛛形纲	地域分布	欧洲
英文名	French Tarantula	亚纲	柄腹亚纲	栖息环境	树林边缘和阳光充足的地方
拉丁学名	Lycosa narbonensis	目	蜘蛛目	成虫寿命	2 年
门	节肢动物门	亚目	新蛛亚目	食性	昆虫
亚门	螯肢亚门	科	狼蛛科		
		属	狼蛛属		

法国狼蛛的个头只有欧狼蛛的一半。朝下的一面长满了黑色的绒毛，尤其是腹部。背上长着棕色的人字形花纹，足上有灰色和白色的环节。它筑巢的地方往往干燥坚硬、乱石遍地，连百里香都被太阳晒得奄奄一息。在我的荒石园实验室里，有二十多个法国狼蛛的巢。我几乎每次经过这些地方都要朝洞里看一眼，那洞穴的底部有四只大眼睛像钻石一样闪闪发光，它们是这位隐居者的望远镜。狼蛛的另外四只眼睛要小得多，在这么深的地方看不见。

　　为了节约时间，狼蛛用不同材料建造的井栏外观大不相同，高度也不一样。有些井栏建成了一法寸高的一圈，有些却只是简简单单的一个平台。所有的井栏都是用蛛丝把各部分紧紧粘在一起，直径和地下洞穴相同，仿佛是地道的延伸部分。与欧狼蛛的巢不同，法国狼蛛的巢里外一样宽，也没有方便活动、供狼蛛进进出出的平台。一口井，上面垒好井栏，这就是法国狼蛛的巢。

要想把咬着诱饵的狼蛛拖到地上非常需要耐心，下面这种方法更快一些。我捉来一些活的熊蜂，把它们装进一个细颈瓶里，瓶口的大小刚好能够盖住狼蛛的洞口。我把瓶子倒扣在洞口上，熊蜂见到一个与自己的巢很相似的洞，没有多想就往里冲。但它中计了，当它往下俯冲进去的时候，狼蛛从洞里出来，它们在竖井里相遇。没过多久，熊蜂的丧钟就敲响了，那是它抵抗狼蛛攻击时发出的声音。然后，一切忽然归于平静，我拿开瓶子，把一个长长的镊子伸进洞里，把熊蜂夹出来。它已经死了，口器耷拉着。刚才发生了一场怎样的悲剧！狼蛛不愿意放弃这肥美的猎物，于是跟上来。猎手和猎物一起被拖上来，有时候狼蛛会起疑心，回到洞里去。但只要把熊蜂放在洞口，甚至放在离洞穴几法寸远的地方，狼蛛就会离开它的堡垒，斗胆上前来抢它的猎物。时机已经成熟，我用手指或者小石头盖住洞口，然后就像巴格利维说的那样，"中了农民的圈套"。我还要再补充一句：在熊蜂的帮助下。

— 法国狼蛛巢穴 —

61

壁泥蜂

各种在人类居所栖息的昆虫之中，外形最优雅、习性最独特、巢穴最有趣的，非壁泥蜂莫属。它们经常光顾人的寓所，而屋主往往一无所知。

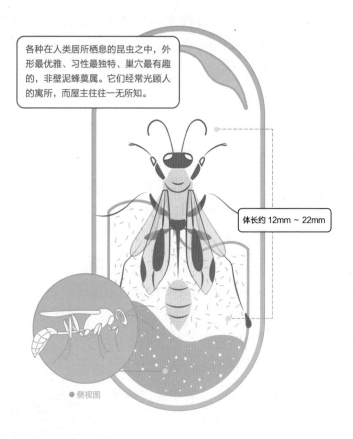

体长约 12mm ~ 22mm

● 侧视图

中文学名	壁泥蜂	目	膜翅目	地域分布	世界各地
英文名	Wall Wasps	科	泥蜂科	栖息环境	常见于墙角筑泥巢
拉丁学名	Sceliphron	亚科	泥蜂亚科	成虫寿命	28 天 ~ 55 天
门	节肢动物门	属	壁泥蜂属	食性	蜘蛛
纲	昆虫纲				

在人类居所栖息的各种昆虫之中，外形最优雅、习性最独特、巢穴最有趣的，非壁泥蜂莫属。它们经常光顾人的寓所，而屋主往往一无所知。它们生性孤僻，默默占据房间一隅，因此很难引起人们的注意。现在我们试着把这位隐士从被遗忘的角落里请出来吧。

壁泥蜂极其怕冷，只能蛰居在温暖的地方，那里强烈的阳光使橄榄成熟，知了歌唱。为了它的家庭，还需要我们的住所提供一些温暖。壁泥蜂一般住在孤零零的农家小屋里，屋前有一棵老无花果树，树荫下还有一口井。它选择这样的房子，是因为这些房子夏天能够充分暴露在炙热的阳光中。冬天屋里还有宽大的壁炉，人们时不时会往里面添一把柴火。冬天的夜晚，圣诞节的木柴在炉子里熊熊燃烧，明亮的火焰吸引了壁泥蜂，让它决定在这里安家落户。壁泥蜂能根据壁炉被熏黑的程度来判断哪些房子适合居住，没有被烟熏黑的炉子没法得到它的信任，住在这样的房子里它一定会被冻僵的。

壁泥蜂的幼虫喜欢像炉子一样闷热的地方，它们尤其偏爱壁炉的入口处。在壁炉的内壁上，从入口到一肘高的地方都可能见到它们的身影。这温暖的庇护所也有缺点。这里常年受到烟熏，尤其在冬天长时间生火的时候，于是蜂巢也蒙上了一层红棕色或黑色的烟灰，看起来就像上了一层釉。人们常常把壁泥蜂的巢误认为是没有抹匀的灰浆，因为它们看起来和周围的环境浑然一体。不过，只要火苗不直接烧到外壁，把蜂巢变成一个滚烫的砂锅，烤熟里面的幼虫，被烟熏的问题倒也无关紧要。壁泥蜂似乎已经预见到了火苗的危险，它只会把巢建在宽大的壁炉里，炉子的内壁只会接触到浓烟，火烧不到那里去，对于那些火焰充满了整个炉膛的壁炉，它是不信任的。

然而这样的谨慎也不能避免最后一种危险。在筑巢的过程中，有时因为产卵期临近，壁泥蜂没法下决心停工，不巧就在这时候，它回窝的路被暂时堵住了，有时候还会堵上一整天。拦路的有时候是锅里冒出的蒸汽，有时是劣质柴火产生的滚滚浓烟。洗衣服的日子尤其难熬，一口大锅里的水不停地沸腾着，女主人从早到晚生着火，不时往火里添上些乱七八糟的燃料，木炭、小树枝、树皮、枯叶，什么都往里放。炉子里的烟、锅里冒出来的蒸汽和洗衣服产生的水汽混在一起，在炉膛前形成一团厚厚的乌云，把壁泥蜂挡在外面。我时不时就会见到一只这么倒霉的壁泥蜂。

显然，壁泥蜂筑巢的时候并没有改善泥土的性质，只是直接采用天然的泥浆。同样显而易见的是，这样的巢不适合户外，即使幼虫可能并没有那么怕冷。对壁泥蜂来说，一个能够遮风挡雨的地方必不可少，否则蜂巢一旦受到雨淋就会散架。除了温度之外，这也是壁泥蜂为什么更偏爱人类居所的一个重要原因：与其他地方相比，人类的房子最能够抵御潮湿。我们的壁炉里温暖又干燥，既提供了幼虫成长所需要的高温，又能防止蜂巢受潮变形。

最后的粉刷过程会隐藏蜂巢的细部结构，而未经粉刷的蜂巢十分优雅。蜂巢由一个个小房间组成，有时这些蜂房会一个接一个，排成一列，看起来就像排箫一样，只是每个蜂房的长度相同，并且都比较短。不过，大多数时候蜂房都集中在一起，数目不等，挨挨挤挤。那些人丁兴旺的蜂巢里足足有十五个蜂房，其他的平均只有十个，还有的蜂巢只有三四个蜂房，数量最少的甚至只有一个。我觉得，较大的蜂巢里蜂房的数量大概就相当于壁泥蜂产卵的总数，其他的只装了一部分的卵，它们零零散散，东一个西一个，也许是因为壁泥蜂母亲找到了更理想的筑巢地点。

石蜂筑巢的方法和壁泥蜂很相似，不过它的技艺略胜一筹。石蜂会在卵石上建起一个个优美的小塔形蜂巢，表面嵌满了砾石，再用粗糙的泥浆把这精美的艺术品掩盖起来。为什么这些建筑师在完工之后，都要给自己精心雕琢而成的作品涂上一层灰泥，掩盖它的美丽呢？我们可不会先建一座卢浮宫，然后往廊柱上涂泥巴。不过我们还是不要固执己见。对石蜂和壁泥蜂来说，只要能给幼虫提供一个安乐窝，这个窝的外表美不美又有什么关系呢？我们应该料到，这些无意识的艺术家有可能干出任何事情。

天　牛

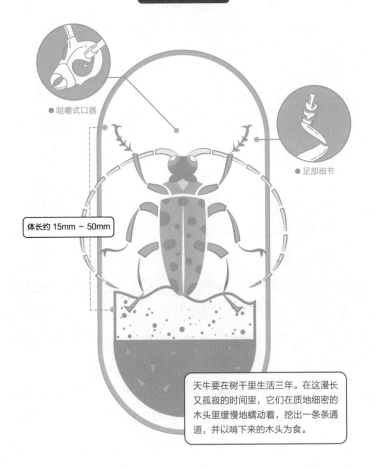

● 咀嚼式口器

● 足部细节

体长约 15mm ~ 50mm

天牛要在树干里生活三年。在这漫长又孤寂的时间里，它们在质地细密的木头里缓慢地蠕动着，挖出一条条通道，并以啃下来的木头为食。

中文学名	天牛	目	鞘翅目	地域分布	世界各地
英文名	Longhorned Beetles	亚目	多食亚目	栖息环境	树木茂盛的地方
拉丁学名	Cerambycidae	科	金花虫总科	成虫寿命	10 天 ~ 2 个月
		亚科	天牛科	食性	植物

一 天牛幼虫蛀木 一

天牛的成虫结构非常精巧，幼虫却长得实在奇特，简直就像蠕动的小肠头。在这个时候，也就是仲秋时节，我们能找到两种不同年龄的幼虫，大一些的差不多手指粗细，小的比铅笔还细。我还找到了一些颜色深浅不一的蛹，以及肚子瘪瘪的成虫，等天气回暖时它们就会从树干里钻出来了。天牛要在树干里生活三年。在这漫长又孤寂的时间里，发生了什么呢？它们在质地细密的木头里缓慢地蠕动着，挖出一条条通道，并以啃下来的木头为食。它们有一对黑色的大颚，短而有力，没有锯齿，就像木匠用的圆凿，又像边沿锋利的调羹，用来挖掘地道。被啃下来的木头进入幼虫的胃里，提供营养贫瘠的汁液，再被排出来，在挖掘工的身后留下一排蛀屑。吃掉木头后，幼虫也有了前进的空间。幼虫一边挖一边吃，通道不断向前推进，同时排出的蛀屑堆在身后，堵住了旧路。所有的挖掘工都是这样工作的，这项工作既给了它们食物，又提供了一个栖身之所。

为了让那一对圆凿般的大颚能够顺利工作，天牛幼虫把肌肉的力量都集中在身体的前段，使这部分呈现出杵的形状。幼虫的足由三部分组成，第一节呈球状，最后一节呈针状，都已经退化，长度还不到一毫米。这些足对幼虫的爬行也没有什么帮助，它们甚至没法着地，因为肥胖的胸部把腿撑得离开了地面。在幼虫腹部最前端的七节，上方和下方各长有一个四边形的平面，上面布满了一个个乳头状的凸起。这些乳突能在幼虫的控制下膨大凸出，或缩小到和身体同一平面。背部的一面有两个乳突，中间由中轴线分开；腹部不具备这样一分为二的外观。这就是天牛幼虫的运动器官，像棘皮动物的步带一样。如果幼虫想要前进，它就鼓起靠近尾部的乳突，背部和腹部的乳突同时凸起，并且缩起身体前端的乳突。它借助身体的后半部分附着在粗糙的通道内壁上，同时缩小身体前半部分的直径，并向前滑动延伸，这就迈出了半步。为了走完这一步，它还要将身体的后半部分带上来，让身体缩回到伸长之前的长度。为此，幼虫鼓起前半部分的乳突，为身体提供支撑，同时后面的乳突塌下去，让身体能够自由收缩。

幼虫通过交替鼓起和收缩身上的乳突，借助背部和腹部提供的双重支撑，能够在走廊里进退自如，它和走廊就像两个完美契合的工件一样。如果这些乳突只分布在身体的一个面上，幼虫就没法前进了。如果把幼虫放在光滑的木头桌面上，它会慢慢蜷起身体，蠕动着，一会儿伸长，一会儿收缩，但就是没法前进一步。一旦把它放在布满裂痕的橡树干上，由于树干表面凹凸不平，非常粗糙，上面还有楔子造成的裂缝，幼虫便可以缓慢地移动身体的前半部分，时而向左，时而向右；时而抬高身体，时而俯下身去。它不断重复着这样的动作，这就是它运动的极限。那些几乎退化的足始终一动不动，没有发挥半点儿用处。为什么它还长着这样的足？如果在橡树干里爬行让幼虫最初强壮的足毫无用武之地，那么还不如彻底抛弃呢。环境的影响使幼虫长出了用来爬行的乳突，这非常巧妙，但为什么还要给它留下如此可笑的残肢？有没有可能，幼虫的足不仅受到环境的影响，还恰好服从了其他的法则？

　　天牛幼虫有没有嗅觉呢？所有的迹象都表明没有。觅食的时候，嗅觉能发挥一定作用，但骑士羯天牛的幼虫不需要寻找食物，因为食物就来自它的住所。它以木头为食，并在木头里安家。那么，天牛幼虫所具有的感觉就只有味觉和触觉了，而且这两种感觉都非常迟钝。

蝉

未长成的蝉的地下生活，至今还是未发现的秘密，我们所知道的只是它未爬到地面以前，在地下生活了大约四年，此后，日光中的歌唱却只有不到五个星期。

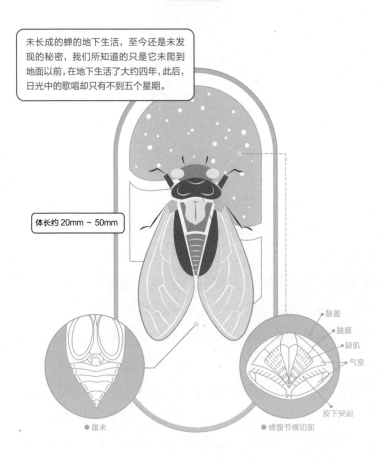

体长约 20mm ~ 50mm

鼓盖
鼓膜
鼓肌
气室
皮下突起

● 腹末

● 蝉腹节横切面

中文学名	蝉（俗称：知了）	纲	昆虫纲	地域分布	世界各地
英文名	Cicada	亚纲	有翅亚纲	栖息环境	沙漠、草原和森林
拉丁学名	Cicadidae	目	半翅目	成虫寿命	60 天 ~ 70 天
门	节肢动物门	亚目	颈喙亚目	食性	树汁
亚门	六足亚门	科	蝉科		

夏至，第一批蝉出现了。太阳烤得滚烫，在被行人踩得结结实实的小路上，有一些拇指般粗细的小孔，这就是蝉的若虫的出口。若虫要从地下深处爬出来，在地面上完成蜕变。若虫有坚硬的工具，能够钻透凝灰岩和烤干的土，喜欢从最硬的地方钻出地面。

　　蝉的洞穴大约有四十厘米深，呈圆柱形，根据土壤的情况而略有弯曲，但整体而言总是接近垂直的，那是它抵达地面的最短路径。地洞上下通行无阻。别想在洞里找挖出来的土方，你哪儿都找不到。地洞的底部是一个死胡同，它比上方的通道稍微宽一点儿，四壁平滑，没有与其他走廊连接的迹象。

　　凭借带钩子的开掘足，蝉的若虫能在洞里来去自如而不引起塌方。它能爬到地面附近，也能下到洞穴底部，却不会把土块扒落下来堵住通道。矿工用木桩和横梁加固矿井的壁，修地铁的工人会在隧道内部砌一层砖石和水泥，而若虫的智慧一点儿也不亚于这些工人，它用一层泥浆涂满竖井的内壁，使它在使用期间保持畅通无阻。

这个上行通道并不是若虫因为渴望见到阳光而仓促建造的，它是一座真正的城堡，一个让若虫长期居住的庇护所。被粉刷过的内壁也同样证明了这一点。毫无疑问，在地下一肘多深的地方，气候变化非常缓慢，这个洞穴是一个气象观察站，若虫通过它了解外面的天气变化，以便迎接一生中最重要的时刻——在阳光下羽化。

一连几个星期，几个月，若虫在地下耐心地刨着土，粉刷着，建成了一条竖直的通道。它不会马上将通道和地面连通，而是留了一指厚的土层。它还在洞穴的底部挖了一个房间，比洞穴的其他部分装修得更加精致，那里是它的庇护所，它的等候室。如果有消息让它推迟外出，它就会在洞里继续休息。只要有一点儿天气转好的迹象，它就会爬上来，透过那层薄薄的土打探外面的情况。它是根据温度和空气的湿度来判断的。

蝉要在地下待上四年时间。但是请注意，在这漫长的时间里，若虫并非一直待在我们刚才所说的竖井底下，等着爬出地面。它在地下爬来爬去，无疑会到达很远的地方。这是个流浪汉，它带着口器，从一棵葡萄树的根部爬到另一棵。在需要移动的时候，比如要逃离冬天地面附近寒冷的土层，或者要找一个更好的酒吧，它

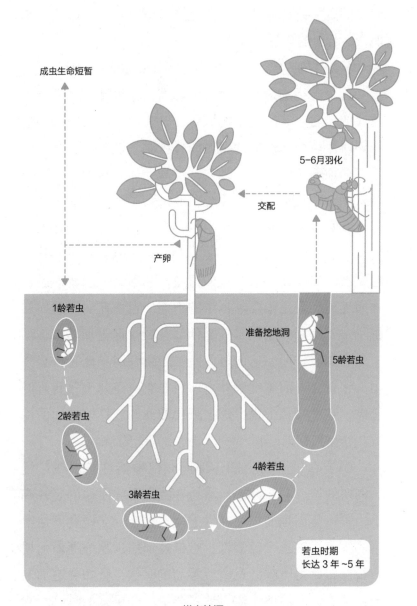

成虫生命短暂

5-6月羽化

交配

产卵

1龄若虫

准备挖地洞

5龄若虫

2龄若虫

4龄若虫

3龄若虫

若虫时期
长达 3 年 ~5 年

蝉出地洞

就会用带钩的足把土刨到身后，挖出一条路。这是不容置疑的。

让我们仔细观察一下刚刚从地里爬出来的若虫。我们本以为会看见它满身灰尘，结果它却沾满了泥浆。它体内充满了液体，看起来就像水肿了一样。用手指拿着它的时候，尾部还会渗出澄清的体液。它全身都沾满了这种体液。原来，当若虫向外挖洞时，它用这种体液沾湿了周围的尘土，使尘土变成泥浆。在腹部的压力作用下，泥浆一旦形成，就紧紧地附着在隧道的壁上。最初又干又硬的土吸水后就有了弹性。泥浆渗透到周围的土壤中，最稀的泥浆向远处渗透，其余的泥浆被挤压、压缩，占据了周围的空隙。一条通道就这样形成了，里面没有任何的泥土残渣，因为泥土已经被就地利用，做成了泥浆，这样砌成的隧道比没有被钻过的泥土更密实、更均匀。隧道打开了，不过形状很不规则，而且若虫身后的隧道几乎马上就堵上了。若虫似乎也意识到自己没法回去补充液体，它尽量节约地使用储备的尿液，只用掉所必需的最少水分，以便尽快逃离这个不熟悉的环境。它精打细算，足足过了十天才终于爬了出来。

若虫离开了，空荡荡的地洞敞着口，它会在四周游荡一会儿，寻找一个支撑物，比如荆棘细小的枝条、百里香、草茎，然后爬上去。

羽化从蝉的中胸开始。背部的中线上出现了一条裂缝，并缓缓延伸，露出了成虫嫩绿的身体。前胸也几乎同时开始蜕皮。裂缝一直蔓延到头顶，然后向下延伸到中胸的下方，就不再扩张。头部表皮在眼睛所在的位置裂开，露出了红色的单眼。从裂缝中可以看到，成虫绿色的身体膨胀起来，中胸那儿甚至产生了一个鼓泡，缓慢地搏动着，随着血液的流动一起一伏。这个鼓泡的作用最初是看不见的，现在它像楔子一样，让表皮沿着阻力最小的两条十字交叉的缝裂开。

　　羽化进展很快。现在，蝉的整个头部已经钻出来了，口器和前足也在逐渐挣脱外壳。它的身体水平悬挂着，腹部朝上。后足也出来了，这是三对足中最后得到解脱的。翅膀里充盈着体液，皱巴巴的，还没有完全展开，看起来像扭曲的残肢。这是羽化的第一个阶段，只需要十分钟。接下来是羽化的第二个阶段，时间要长一些。蝉几乎已经完全挣脱了外壳，只有腹部末端还留在里面。蝉蜕仍然紧紧附着在树枝上，它很快会干燥变硬，保持着最初的姿态。蝉还要以它为支点，完成接下来的动作。

　　腹部末端还没有脱出来，仍然和蝉蜕连在一起。蝉沿垂直方向翻了个身，头朝下。它通体浅绿色，微微带点儿黄。原本皱成一团的翅膀现在正慢慢展开，体液注入翅膀，将它撑了起来。这个缓慢而复杂的步骤完成后，蝉做了一个几乎无法察觉的动作，凭借腰部的力量绷紧身体，回到了平常的姿态，头部朝上。它用前足抓住褪

蝉的羽化过程

下来的空壳，终于把腹部抽了出来。羽化结束了，整个过程一共用了半小时。蝉已经完全从旧外衣里挣脱出来，但不久后它还会变成另一副模样，与现在的样子简直是天壤之别！现在，它的翅膀耷拉着，湿漉漉的，像玻璃一样透明，上面分布着嫩绿的翅脉。前胸和中胸微微透着棕色，身体其余的部分呈浅绿色，有些地方还带点儿白。这娇弱的生灵必须要晒一个日光浴，在光和热中养精蓄锐，改变体色。

　　大约两个小时过去了，蝉几乎没什么变化。它仅用前足抓住蝉蜕，哪怕一阵微风都能使它颤抖。这时候它还虚弱，身子仍然泛着绿色。终于，它开始变色，体色迅速变深。这个过程很快完成，只需要半小时。这只蝉的表皮从上午九点开始出现第一条裂缝，到了中午十二点半，它在我的注视下飞走了。

　　蝉蜕仍然挂在那儿，除了那条裂缝之外，其余的部分都完好无损。它牢牢固定在原地，即使深秋时节恶劣的天气也不一定能让它掉落。一连几个月，甚至直到冬天，我们都常常能见到挂在枝头的蝉蜕，仍然保持着蜕皮前的姿势。它质地坚硬，如同风干的羊皮，又像一件长久不坏的圣髑。

螳螂

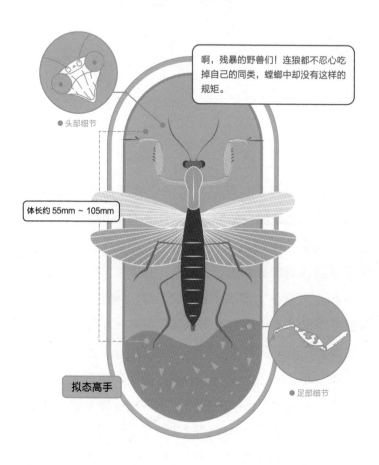

啊，残暴的野兽们！连狼都不忍心吃掉自己的同类，螳螂中却没有这样的规矩。

● 头部细节

体长约 55mm ~ 105mm

拟态高手

● 足部细节

中文学名	螳螂	亚门	六足亚门	地域分布	世界各地
英文名	Praying Mantis	纲	昆虫纲	栖息环境	沙漠、草原和森林
拉丁学名	Mantodea	亚纲	有翅亚纲	成虫寿命	6 个月 ~ 8 个月
门	节肢动物门	目	螳螂目	食性	昆虫

螳螂这家伙生性残暴，能把猎物吓得动弹不得，然后毫不留情地吃掉它的脑袋。这还不算最可怕的。即使对自己的同类，螳螂也保留了一些极其凶残的习性，即使是臭名昭著的蜘蛛都比不上它。

　　我的大桌子上摆满了钟形罩。为了腾出一点儿地方，同时保留足够实验用的虫子，我只好在一个笼子里放进几只雌螳螂，最多的有十二只。笼子里还算宽敞，俘虏们都有活动空间。一开始情况还不错，居民们相安无事，每只螳螂都只攻击自己面前的猎物，不去找邻居麻烦。然而好景不长，随着交配和产卵的时节临近，螳螂们的肚子越来越大，卵在卵巢里渐渐发育成熟。笼子里爆发了一场恶斗。尽管里面没有一只雄螳螂，雌螳螂仍然争风吃醋，斗得你死我活。在荷尔蒙的煽动下，它们躁动不安，互相残杀。有的摆出威胁的姿势，有的缠斗在一起，笼子里的场面如同食人族的狂欢。雌螳螂们扇动着翅膀，高高举起张开的前足，如幽灵般阴森可怕。

大多数时候，战斗会非常惨烈。螳螂毫不留情地摆出了最凶残的姿势，前足张开，向上高高举起。失败者可要倒霉了！胜利者用钳子般的前足抓住它，开始撕咬，请听好了，是从头部后方开始下口的。这恐怖的宴席平静地进行着，仿佛它吃的不过是一只螽斯。食客品尝着它的姐妹，仿佛那只是一道普通的菜肴。周围的螳螂也对它视若无睹，只要有机会，它们也会这样干的。

啊，残暴的野兽们！连狼都不忍心吃掉自己的同类，螳螂中却没有这样的规矩。就算身边全是它们爱吃的蝗虫，它们也有同类相食的怪癖，就像食人族一样。

怀孕的螳螂更加反常，充满了残暴的欲望，简直令人发指。来看看螳螂交配的过程吧。为了避免出现混乱，我把一对对螳螂夫妇分别放在不同的玻璃罩里，每一对螳螂都有独立的居所，没有什么能打扰它们的新婚生活。别忘了喂食，让笼子里保持充足的食物供应，以免饥饿对我们的判断造成干扰。

现在是八月底，对雄螳螂来说正是求爱的好时机。这些瘦小的情郎不断向高大的女伴抛媚眼，它左右转动头部，扭着脖子，鼓起胸膛，尖尖的小脸上热情洋溢。它长时间保持着这个姿势，深情地凝视着情人。而雌螳螂一动不动，显得无动于衷。忽然，雄螳螂似乎得到了某个神秘的许可信号，它靠近雌螳螂，猛地张开翅膀。翅膀颤抖着，抽搐着，那是它在表达爱意。随后，它跳了起来，扑到肥胖的雌螳螂背上紧紧抱住，稳住身体。婚礼的序曲通常需要很长时间，然后交配才真正开始，这个过程同样漫长，有时甚至能持续五六个小时。

这对配偶抱在一起，一动不动，什么也不能引起它们的注意。终于分开了，但很快又黏在一起，并且抱得更紧。可怜的雄螳螂，那位美人不光爱他的精子，要用它来唤醒自己的卵巢，她还爱他的滋味，要把他当成美餐！在交配的当天，最多到第二天，雄螳螂就会被女伴紧紧抓住，照例从头部后方开始啃食，不紧不慢地吃干净，只剩下翅膀。这不是闺房里嫉妒的厮杀，而是一种变态的欲望。

螳螂家族中的其他成员也有这种吃掉雄性的习性，我很乐意将其视为螳螂的共性。那些个头娇小的欧洲跳螳，它们在我的玻璃罩里显得那么乖巧、那么安静，不管笼子里多么拥挤也不会去找邻居的麻烦。然而，它们也会在交配后吃掉雄性，残暴的样子丝毫不亚于薄翅螳螂。我已经厌倦了四处奔走，不能给饲养的雌螳螂寻找必不可少的配偶了。我刚找到一只翅膀完好、轻盈敏捷的雄螳螂，把它放进笼子里，马上就有一只雌螳螂迫不及待地扑上来把它吞掉，尽管雌螳螂已经完成了交配。

一旦繁衍的欲望得到满足，这两种雌螳螂就会对雄性产生厌恶，只把它们当成一顿美餐。

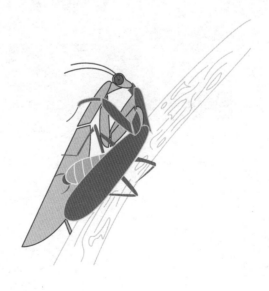

负葬甲

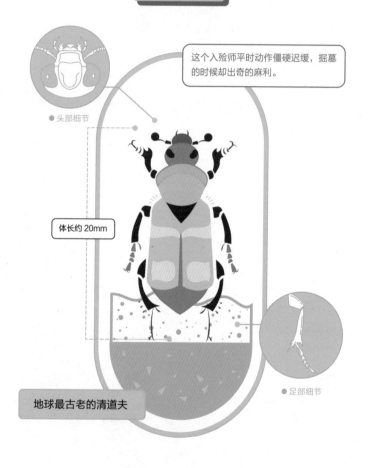

● 头部细节

这个入殓师平时动作僵硬迟缓，掘墓的时候却出奇的麻利。

体长约 20mm

● 足部细节

地球最古老的清道夫

中文学名	负葬甲		亚门	六足亚门		地域分布	世界各地
英文名	Burying Beetle		纲	昆虫纲		栖息环境	树林、草原
拉丁学名	Nicrophorus		目	鞘翅目		成虫寿命	4 个月
门	节肢动物门		科	葬甲科		食性	动物尸体

春耕的受害者有田鼠、鼩鼱、鼹鼠、蟾蜍、游蛇和蜥蜴，这些尸体滋养了最勤劳、最有名的一批田野清道夫，那就是负葬甲。它的体形、服装和习性都和其他平凡的清洁工如此不同。为了体现自己高贵的职能，它散发出一股麝香的气味。它的触角末端分别顶着一个红色的绒球，胸前装点着土黄色的法兰绒，鞘翅上横披着两条橙黄的丝巾。这身装束很优雅，简直可以称得上华贵，让其他的昆虫相形见绌。那些虫子总穿着一身丧服，就像殡葬工的工作服一样。

　　负葬甲并不像解剖学家那样把猎物切开，用如解剖剪一般的大颚把肉一点点撕下来，它们是真正的掘墓人、入殓师。当葬甲、皮蠹、阎甲等昆虫忙着大吃大嚼，还不忘给家人留一点儿的时候，负葬甲却吃得很少。它就地挖一个地窖，将尸体埋在里面，尸体腐烂后就成了幼虫的食物。它埋葬尸体是为了养育后代。

　　这个收尸人平时动作僵硬迟缓，掘墓的时候却出奇的麻利。几个小时内，一具对它来说相当庞大的尸体，比如鼹鼠，就从地面上消失了。其他的昆虫会把干瘪的尸体留在地上，经受一连几个月的风吹雨打，而负葬甲会马上把尸体整个处理掉，将这块地方打扫干净。它的工作几乎不留痕迹，地面上只能看见一个小小的鼓包，如同坟头一般。

　　凭借敏捷的身手，负葬甲从田野的小小清道夫中脱颖而出。它还是以聪明才智著称的昆虫之一。人们认为它一定具有某种天赋的理性，而膜翅目中最出色的昆虫虽然能够采集蜂蜜或捕猎，却不具备那样的理性。沙泥蜂、节腹泥蜂、掘土蜂和蛛蜂都会选择合适的地点挖洞，然后带着猎物飞过去。如果猎物太重了，它们就拖着走。但负葬甲没这个本事，它们没法把巨大的尸体拖走，只好就地挖个坑埋起来。但尸体所在的地方状况各不相同，可能土质松软，也可能布满了石头；可能寸草不生，也可能长满了植物。偃麦草尤其讨厌，它纤细的根须总是缠成一团。尸体还经常被架在荆棘上，离开地面几法寸高。农民耕种的时候发现了鼹鼠，就用锄头把它打死，随便扔到什么地方。但无论尸体在哪儿，周围有什么样的障碍物，只要不是没法克服的困难，负葬甲都会就地完成它的工作。

　　负葬甲的工作环境如此多变，我们已经可以猜到它的工作方法并非一成不变。它的工作受到各种偶然因素的影响，只能用自己有限的判断力调整策略。在这样尴尬的境地里，切割、碾压、清理、抬起、调整、搬运，对它们来说都是不可或缺的技能。如果没有这些能力，只遵循一套固定的方法，负葬甲是没法完成任务的。

首先看看负葬甲的食物。这些清道夫对食物来者不拒，所有动物的尸体，不管天上飞的还是地上跑的，只要没有超出它们的能力范围，都欣然接受。对于两栖动物和爬行动物，它们也一样好胃口。它们毫不犹豫地接受各种各样的尸体，尽管一些动物对它们来说也许前所未见。我见过它们埋葬红色的金鱼，那是来自中国的观赏鲫鱼。我把金鱼的尸体放进笼子里，它们马上觉得这是个好东西，并按照老规矩把它埋了起来。它们也不讨厌肉店里买来的肉，吃剩的羊排、牛肉也消失在地里，就像野外的死鼹鼠和死老鼠一样。简而言之，负葬甲对食物没有特别的偏好，它对腐肉一视同仁。

因此，给负葬甲提供尸体没有任何困难。如果一种食物不够了，尽管随便拿点儿别的补上。它们对居住环境也不怎么挑剔，只要在一个瓦钵里装满凉爽的沙子，压实，再盖上宽大的金属钟形罩，就足够了。为了防止猫过来捣乱，我把瓦钵放在一个有玻璃窗的封闭房间里。这里在冬天是植物的暖房，在夏天是研究动物的实验室。现在，我们动手吧。死鼹鼠被放在瓦钵中间，下面的土壤松软细腻，这对负葬甲的施工非常有利。我把四只负葬甲放进瓦钵里，其中三只雄性，一只雌性。它们钻到尸体下面，用背把尸体顶起来。尸体偶尔上下晃动一下，仿佛又有了生命似的。如果一个不明就里的人经过，见到这颤动的尸体，准要大吃一惊。不时有一只负葬甲从下面钻出来查看情况，往往是一只雄性。它围着尸体走来走去，翻翻皮毛，仔细检查。完事之后，又急匆匆地回到尸体下面继续干活，没多久再次爬出来巡视一番，然后重新钻进去。现在尸体晃得更厉害了。它摇个不停，身下的沙土被负葬甲刨出来，在旁边积了一圈。负葬甲将尸体下面的土挖空，使它失去了支撑。在负葬甲和自身重量的共同作用下，鼹鼠渐渐没入土中。

在那些看不见的工人的努力之下，堆在周围的沙子很快塌下来滑进坑里，盖住了尸体。这是一场秘密的葬礼。尸体看起来就像是自己消失的，仿佛沉进了某种液体之中。但尸体埋葬的深度目前远远不够，施工还要继续。总的来说，负葬甲的工作非常简单。它们一开始就按照尸体的大小挖好了坑，摇动并且拉扯它；接下来，就算没有了负葬甲的努力，尸体也会自己沉进被刨松了的土壤中。负葬甲的足部末梢就像一把上好的铲子，强壮的背部能够引发一场小地震，这两个工具足以让它干好这一行了。另外，它们还需要频频晃动尸体，好让它的体积变小一些，并帮助它通过一些狭窄的地方。我们很快就会看到，这种技艺在负葬甲的营生中发挥了关键的作用。

绿丛螽斯

绿丛螽斯是潜行在夜幕下的杀手,它扑向毫无防备的蝉,将后者拦腰抱住,开膛破肚。音乐的盛会之后便是杀戮。

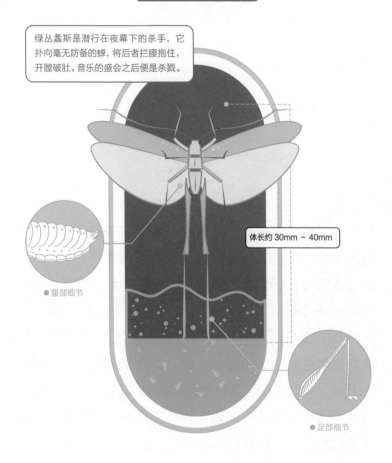

体长约 30mm ～ 40mm

● 腹部细节

● 足部细节

中文学名	绿丛螽斯	纲	昆虫纲	地域分布	欧洲大部分地区和亚洲温带
英文名	Grasshopper	目	直翅目	栖息环境	丛林、草间
拉丁学名	Tettigonia viridissima	亚目	剑尾亚目	成虫寿命	80 天～ 90 天
门	节肢动物门	科	螽斯科	食性	植物、昆虫
亚门	六足亚门				

夏夜，法国梧桐浓密的树冠中不时传出一阵惊恐的叫声，短促而尖锐，那是被绿丛螽斯逮住的蝉发出的最后的呼号。绿丛螽斯是潜行在夜幕下的杀手，它扑向毫无防备的蝉，将后者拦腰抱住，开膛破肚。音乐的盛会之后便是杀戮。

我甚至见过螽斯勇猛地追捕蝉，追得它四处逃窜，就像雀鹰在空中追捕云雀一样。这种以掠食为生的鸟比较卑鄙，它们捕食比自己弱小的猎物。而螽斯恰好相反，它进攻比自己强壮得多的大块头。尽管搏斗双方身材悬殊，螽斯却总能稳操胜券，它有强壮的大颚和锋利的钳子，攻击时极少失手。蝉没有武器，只能乱喊乱踢。

捕猎的关键是把蝉牢牢抓住，趁蝉睡着时袭击最容易得手。只要被夜间游荡的螽斯遇到，蝉都难逃一死。这也可以解释为什么夜深人静，蝉的钹也早已沉寂时，偶

尔爆发出尖锐的哀鸣声，那是一袭浅绿色衣裳的强盗刚刚逮住一只睡梦中的蝉。由此，我们知道螽斯是一个狂热的肉食爱好者，喜爱捕食昆虫，尤其是那些没有坚硬铠甲保护的猎物。它们虽然酷爱吃肉，但不像薄翅螳螂那样只吃肉。这位蝉的杀手也懂得用一些素食来丰富食谱。在吸血吃肉之后，它会喝些水果的甜浆；如果实在没什么好吃的，它甚至还会吃一点儿草叶。

但是，螽斯也有同类相食的行为。这种行为在薄翅螳螂中非常普遍，它们杀死对手，吞掉爱人。虽然我确实从没见过我的囚犯们做出这种事，但只要有某只螽斯死了，活着的一定不会放过这个机会。它们对尸体大快朵颐，就像对待普通的猎物一样。即使在食物充足的条件下，它们也会吃掉同伴。此外，所有带着武器的昆虫都有用受伤的同类填饱自己肚子的习性，只是程度各不相同。

蟋蟀

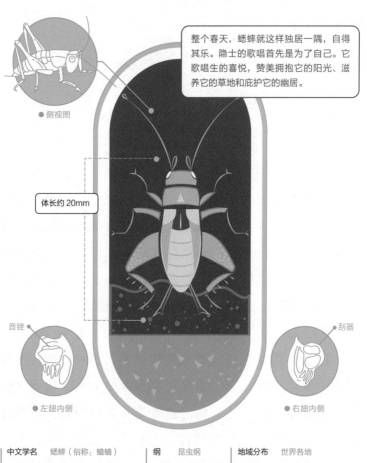

● 侧视图

整个春天，蟋蟀就这样独居一隅，自得其乐。隐士的歌唱首先是为了自己。它歌唱生的喜悦，赞美拥抱它的阳光、滋养它的草地和庇护它的幽居。

体长约 20mm

音锉

● 左翅内侧

刮器

● 右翅内侧

中文学名	蟋蟀（俗称：蛐蛐）	纲	昆虫纲	地域分布	世界各地
英文名	Cricket	目	直翅目	栖息环境	丛林、草间
拉丁学名	Gryllidae	亚目	剑尾亚目	成虫寿命	141 天~ 151 天
门	节肢动物门	科	蟋蟀科	食性	杂食，主要以植物的嫩芽、嫩叶及根为食
亚门	六足亚门				

现在，解剖学忽然插嘴了。它对蟋蟀说："让我们看看你的乐器吧！"这乐器非常简单，正如同一切真正有价值的东西一样。它的结构和螽斯的发音器相同，由带锯齿的琴弓和会振动的薄膜组成。

蟋蟀右侧的覆翅压在左侧的覆翅上，几乎把后者完全盖住，只露出包裹着身体侧面的褶皱。这点和绿丛螽斯、盾螽、异鞍硕螽以及它们的亲戚恰好相反，螽斯们是左撇子，而蟋蟀是右撇子。

两片覆翅结构完全相同，认识了一片，也就知道了另一片。我们来看看它的右翅吧。翅膀覆盖在背上的那部分几乎是扁平的，到身体侧面却折了一个直角。翅膀末端裹住了腹部，上面斜斜地布满了纤细的翅脉，翅脉之间相互平行。背上的部分则有着粗大的黑色翅脉，构成了复杂而奇异的图案，看起来就像用阿拉伯语写成的天书。

对着光看过去，可以看见翅膀上有两大片相邻的区域，其余的部分呈现浅浅的红棕色。那两片区域中较大的那个在前，呈三角形；较小的那个在后，呈椭圆形。每个区域都由一条粗壮的翅脉围起来，表面有较浅的褶皱。较大的一片上面还有四五个人字形的条纹，它们起到了加固的作用，较小的一片上面只有一条拱形的条纹。这两片区域就是鸣虫的镜膜，是它们的发声器官。镜膜比翅膀上的其他区域更薄，它是透明的，带着一点儿烟熏过的颜色。

翅膀后四分之一的部分较光滑，呈红棕色，末端有两根相互平行的弯曲翅脉。翅脉之间有五六个黑色的褶皱，看起来就像一个小小的栅栏。左侧的覆翅和右侧结构完全相同。这些褶皱起到了摩擦发声的作用，它们增加了声锉的接触点，使得发出的声音更加响亮。在翅膀的内侧有一根翅脉，上面布满了阶梯状的褶皱锯齿，就像带锯齿的链条一样，这就是声锉。我数了一下，上面大约有一百五十个音齿，每一个都是有着完美几何结构的三棱柱。

蟋蟀的乐器实在漂亮，比螽斯要强多了。声锉上一百五十个音齿与另一侧翅膀上的刮器相互摩擦，带动四片镜膜一同发声。后方的两片直接受到了摩擦，前方的两片则随着刮器一同振动。这乐声是多么洪亮！螽斯只有一片寒酸的镜膜，它发出的声音只能传出几步远，而蟋蟀足有四片镜膜，它奏出的小曲几百米外都能听见。蟋蟀的声音十分嘹亮，与蝉不相上下，但不会嘶哑得令人心烦。更妙的是，这个天才还知道如何使歌声悠扬婉转。我们说过，蟋蟀的覆翅沿着体侧延伸，侧面有一道长长的褶皱，那就是它的制音器。通过控制折边下垂的程度，蟋蟀能够调节声音的音量。随着翅膀与柔软的腹部之间接触面积的改变，它的歌声时而低沉，时而高亢。

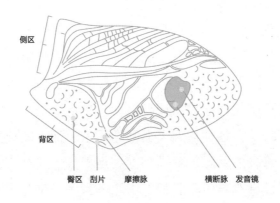

侧区

背区

臀区　刮片　摩擦脉　　　横断脉　发音镜

蟋蟀的发声器官

　　关于乐器我们已经谈得足够多了，来听听它的音乐吧。蟋蟀从来不在室内演奏，它要待在门口，沐浴在和煦的阳光中。它把覆翅抬起来，形成两个斜面，只有一部分互相重叠，然后摩擦覆翅，发出柔和的"克哩克哩"的颤音。它的歌声饱满而洪亮，节奏明快，绵绵不绝。整个春天，蟋蟀就这样独居一隅，自得其乐。隐士的歌唱首先是为了自己。它歌唱生的喜悦，赞美拥抱它的阳光、滋养它的草地和庇护它的幽居。歌颂生命的美好，是它的琴弓最重要的使命。

雄蟋蟀还为邻家姑娘们歌唱。我的钟形罩下关着好几对蟋蟀，只要它们不表现出交配期好斗的本能，笼子里就是一派安静祥和。尽管竞争者之间常常会爆发激烈的冲突，但后果并不严重。两位竞争对手开始了搏斗，要啃对方的头颅，不过它们的头盔足够坚固，足以抵御大颚的攻击。它们扭打起来，在地上翻滚，然后又爬起来，松开对方。失败者仓皇逃窜，胜利者高唱着凯歌羞辱对手，然后压低了音量，围着它追求的姑娘团团转。

雄蟋蟀把自己打扮成顺从而多情的美男子。它用足一钩，将一根触须拨到大颚间卷起来，涂上唾液作为化妆品。修长的后腿带着马刺，装点着红色的饰带，此刻正不耐烦地跺着，不时朝空中尥一蹶子。满怀的深情让它说不出话来。一对覆翅虽然还在急促地颤抖着，却只能发出一阵嘈杂的摩擦声。但是表白失败了。雌蟋蟀匆匆跑到一片生菜叶子下面藏了起来，却又掀起帘子的一角，向外张望着，想让小伙子看到她。

"她逃进柳树丛，又希望我看到她。"

求爱的歌声再次响起，中间夹杂着片刻的静默和低低的颤音。雌蟋蟀被歌手的一片深情打动，从藏身处走了出来。雄蟋蟀连忙上前迎接，它转了个身，背朝着雌蟋蟀，腹部抵着地面。它趴在地上往后退，几次试图钻到雌蟋蟀身下，这奇异的动作终于完成了。小家伙，慢点儿，再慢点儿！只要你收起肚子，小心地钻进去，最后肯定会成功的。好了，一对夫妇结合了，一个比针头还小的精包悬在它该到达的地方。来年，这里的草丛中就会有它们俩的蟋蟀宝宝了。

接下来就是产卵。蟋蟀夫妇同居一室，总会发生各种各样的纷争。蟋蟀爸爸被打伤了，它的小提琴也被砸得稀巴烂。在我的小屋外面，在广阔的田野里，战败者总会逃之夭夭。它当然要这么做，这情有可原。蟋蟀妈妈忽然对爸爸拳脚相向，即使平时性情最温顺的那些也是这样，这种现象实在引人深思。一旦落入美人的口中，曾经的情人就难免缺胳膊少腿。它只有舍弃几节腿，撕破了翅膀，才能挣脱出来。螽斯和蟋蟀是旧世界残存下来的代表性生物，它们告诉我们，雄性是生命繁殖过程中的次要角色，必须在交配结束后不久就尽快离开，把位置让给真正辛劳繁育生命的母亲。

蝗 虫

对热爱阳光的蝗虫来说，唱歌仅仅是表达惬意的一种方式。只要嗉囊中装满了食物，并得到阳光的爱抚，它就会感到无比的满足。

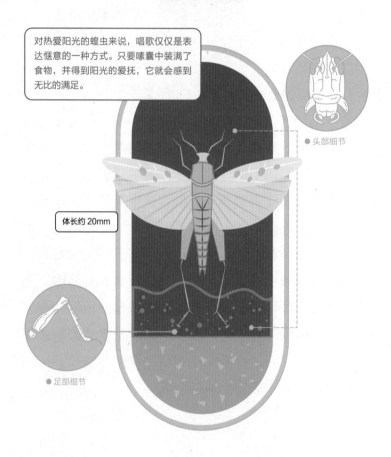

● 头部细节

体长约 20mm

● 足部细节

中文学名	蝗虫（俗称：蚂蚱）	纲	昆虫纲	地域分布	世界各地
英文名	Locust	目	直翅目	栖息环境	山区、森林、草原、田垦
拉丁学名	Acrididae	亚目	锥尾亚目	成虫寿命	2个月～3个月
门	节肢动物门	科	蝗科	食性	植物，会吃掉很多农作物
亚门	六足亚门				

在我看来，蝗虫的用处远大于害处。至少我从未听过这一带的农民对你们有什么怨言。他们又能指控你们什么罪名呢？你们吃的是粗硬的稗草，连绵羊都不愿意吃它；相比水草丰美的牧场，你们更喜爱贫瘠的土地。在你们生活的地方，只有你们能找到食物；你们赖以生存的食物，只有你们强健的胃能够消化。而且，当你们光顾田野的时候，唯一能吸引你们的东西——麦苗，也早已结出果实，收割完毕。即使你们偶然闯进花园觅食，也没有造成什么破坏，最多咬破几片生菜叶子。

　　多玛将军曾在他的《大沙漠》一书中引用了一位阿拉伯作家的一段话：

　　对人和骆驼来说，蝗虫都是很好的食物。把新鲜的或者贮存的蝗虫去掉爪子、翅膀和头部，可以烤着吃，或者煮熟了配古斯米[1]吃。

将蝗虫在太阳下晒干，然后磨成粉，可以加入牛奶里，或者揉进面团后加入油脂或黄油、盐烤熟吃。

骆驼很爱吃蝗虫。人们给骆驼喂食风干的蝗虫，或者把蝗虫放在两层煤炭之间的大洞里煨熟了喂它们。

出于一个博物学家的好奇心，我曾品尝过两道古代的菜肴，一次是蝉，另一次是蝗虫，这两道菜我都不是特别喜欢。还是把这些菜肴留给像那位著名的哈里发一样的大胃王吧。蝗虫不仅在秋天收集营养，养活了许许多多的饥民，还会用音乐来表达内心的快乐。想象一只悠闲的蝗虫，它吃饱喝足，晒着太阳，沉浸在幸福之中。它用琴弓一下一下短促地拉着，每拉三四次就停一下地奏起了小曲。它用粗壮的大腿摩擦着肋部，时而用这条腿，时而用那条，时而两条腿同时摩擦。

蝗虫的歌声非常微弱，听起来像针尖划在纸上一样。可以想见，蝗虫的乐器也是非常粗糙的。它和螽斯、蟋蟀类昆虫的乐器截然不同，没有带锯齿的声锉，也没有不断震动的绷紧的镜膜。我们以意大利蝗为例，其他会唱歌的蝗虫的发声器也都一样。意大利蝗的后腿上下边沿都呈流线型，每一面上都长着两根粗壮的棱，沿纵向

1　古斯米（Couscous）又叫库斯库斯，或蒸粗麦粉，是一种源自马格里布柏柏尔人的食物。将粗麦粉加少量水和干面粉，揉成小米大小的颗粒，蒸熟后可搭配各种配菜食用。

分布。这两根棱之间又呈阶梯状排列着许多凹凸不平的细小的纹路，外侧和内侧的纹路都一样清晰。相比内外两侧的高度对称，更让我震惊的是这些纹路都很光滑。最后是覆翅的下缘，也就是大腿作为琴弓摩擦的地方，那里没什么特别的。可以看到，那个部位就像鞘翅上的其他地方一样长着粗壮的翅脉，但没有粗糙的锉板，也没有任何锯齿。

这个简陋的器官能发出什么样的声音呢？听起来就像在摩擦一张干燥的薄膜。为了发出这几乎听不见的声响，蝗虫急促地颤抖着，将后腿抬起又放下，并且对成果沾沾自喜。它摩擦腹部的样子有点儿像人在心满意足地搓着手，只是人们搓手并不是为了发出声音。这就是蝗虫表达生之喜悦的方式。

当天空中飘着一些云彩，太阳若隐若现的时候，我们来看看蝗虫吧。一道阳光从云层中透出，蝗虫的大腿也随之开始抖动，阳光越温暖，它就摩擦得越剧烈。它的曲子非常简短，但只要阳光照耀着它，它就一遍遍唱个不停。云朵遮住了太阳，蝗虫也随之停止歌唱，等下一道阳光到来，它又再次开始颤抖。很显然，对热爱阳光的蝗虫来说，唱歌仅仅是表达惬意的一种方式。只要嗉囊中装满了食物，并得到阳光的爱抚，它就会感到无比的满足。但并不是所有的蝗虫都会用摩擦来表达喜悦，如斜脊荒地蝗和东亚飞蝗。

大螋步甲

这无能的杀手穿着紧身外衣，容貌俊美，一副富贵相。它们的身体闪着黄铜色或金色的光泽，有的还带点儿红色。

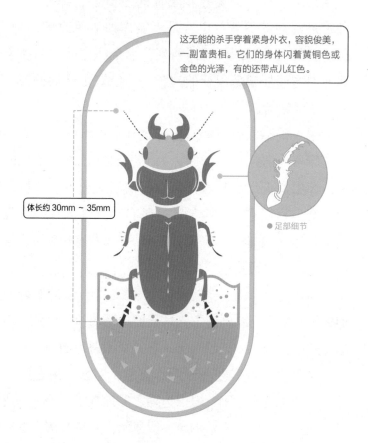

体长约 30mm ~ 35mm

● 足部细节

中文学名	大螋步甲	纲	昆虫纲	地域分布	主要为欧洲
英文名	Cricket Beetle	亚纲	有翅亚纲	栖息环境	海岸沙丘、沙滩
拉丁学名	Buparius	目	鞘翅目	成虫寿命	2 年
门	节肢动物门	科	步甲科	食性	昆虫、软体动物
亚门	六足亚门				

看看步甲吧，它是昆虫家族中脾气火暴的战士，但它能做什么呢？在技艺方面，它几乎一无所长。这无能的杀手穿着紧身外衣，容貌俊美，一副富贵相。它们的身体闪着黄铜色或金色的光泽，有的还带点儿红色。如果它穿着黑衣，就会在衣服下摆装点紫晶一般的花边，闪闪发光，让黑衣显得不那么晦暗。鞘翅就是它的铠甲，上面点缀着凹凸不平的纹路和斑点。

—拉布甲—

想看它大开杀戒并不困难。我把它养在一个宽敞的笼子里，下面铺上一层新鲜的沙土。再分散地放进一些碎瓷片，就像岩石一样，为虫子提供庇护所。笼子中间还种了一丛草，如同一片小树林，让它住得更舒服。

笼子里一共住了三种房客：黄金拉步甲，粗野的园丁，花园里的常客；革翅拉步甲，一袭黑衣，身强体壮，喜欢在墙脚下茂盛的野草中探险；还有罕见的紫拉步甲，鞘翅镶着一圈紫边，泛着金属般的光泽。我用去掉了一部分壳的蜗牛喂养它们。步甲们原本三三两两地待在碎瓷片下面，现在都朝这些可怜的蜗牛跑过去，而蜗牛只能绝望地不停伸缩着触角。三只步甲蜂拥而上，然后是四只、五只。它们首先一口吞掉蜗牛壳边沿的那块肉，那里有一些微小的钙质颗粒，是它们最爱吃的部位。它们流着涎沫，用钳子一般坚硬有力的大颚猛地一咬，扯下一片碎肉，然后拖到一边慢慢享用。

这时候，步甲们的足都沾满了黏液，黏液又粘住了沙子，就像穿上了笨重的鞋套，十分碍事。但虫子对此并不在意，继续跌跌撞撞地跑向猎物，又咬下一块肉来。它们大概打算过一会儿再擦靴子吧。还有一些步甲就地吃了起来，它们流着口水，围着蜗牛狼吞虎咽。这顿盛宴能一连持续几个小时。如果不把肚子塞满，撑得鞘翅都翘了起来，露出屁股，它们是不会罢休的。

革翅拉步甲更喜欢阴暗的角落，它们常常聚集在那里，不与其他两种步甲为伍。步甲们把蜗牛拖到碎瓷片下的巢里，大家一块儿安静地吃掉。相比有壳保护的蜗牛，它们更偏爱多肉的蛞蝓，小壳螺的肉也很美味。这种野味的尾部有一个小小的钙质壳，就像戴了一顶弗里吉亚软帽。它的肉更结实，不会被过多的黏液稀释了味道。

　　如果谁想看一场更加激烈的战斗，就去找疆星步甲吧。这是肉食性的昆虫中最漂亮的，它衣着最华丽，身材也最魁梧。它是步甲中的王子，也是屠杀毛虫的刽子手。即使是最强壮的毛毛虫也不能让它感到畏惧。疆星步甲和孔雀天蚕蛾幼虫的搏斗非常值得一看，但这个场景同样十分恐怖，令人作呕。被开膛破肚的毛虫剧烈扭动着，身子猛地一甩，把强盗甩到地上。但无论它怎么挣扎，强盗就是不松口。绿色的内脏流到地面上，还在不停地抽搐，刽子手却兴奋得发狂，它战栗着，上前吮吸那可怕的伤口。这就是战斗的大致经过。如果昆虫学只能让我展示这样的场面，那我一定会放弃研究昆虫，丝毫不觉得遗憾。

　　这些杀人狂还能释放出刺鼻的气味，那是火暴脾气的产物。步甲能喷出有腐蚀性的液体，革翅步甲会对着捉住它的人喷出一股酸液，疆星步甲会让手指沾上一股药品般的怪味。一些品种甚至懂得使用爆炸物，它们能像火枪一样喷出灼热的气体，点燃捕食者的胡须，比如气步甲。

　　步甲能合成腐蚀性的液体，能利用苦味酸开炮，还是使用炸药的炸弹客。它们都天生善于战斗，但除了杀戮之外，它们还懂什么呢？什么都不懂。幼虫也不懂得任何艺术或建筑方面的知识，它们像成虫一样，只知道在乱石间游荡，动着坏心思。然而今天，为了解决一些疑问，我需要让这些愚蠢而好战的家伙帮忙。事情是这样的。假设你刚刚发现了一只步甲，它正趴在小树枝上，懒洋洋地晒着太阳。你举起了张开的手掌，准备扑下去，把它一举擒获。但是，你刚摆出进攻的架势，它就松开六足，掉下去了。这种步甲有鞘翅的保护，后翅很难从鞘翅下面抽出来，有的种类的后翅还退化了，丧失了飞行的能力。它们没法马上逃跑，只好松开树枝落到地上。在草丛中找它常常是白费力气，但如果你能找到，就会发现它仰面朝天地躺着，六足蜷缩起来，一动不动。

欧洲榛实象

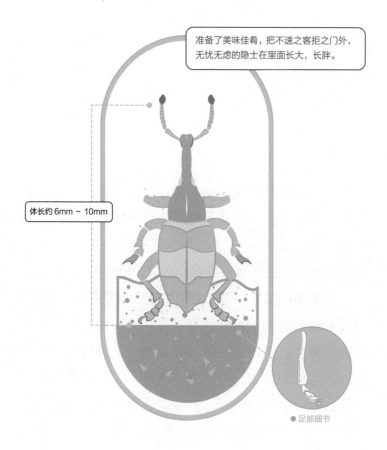

准备了美味佳肴，把不速之客拒之门外，无忧无虑的隐士在里面长大，长胖。

体长约 6mm ~ 10mm

● 足部细节

中文学名	欧洲榛实象	纲	昆虫纲	地域分布	主要为欧洲
英文名	Hazel Weevil	亚纲	有翅亚纲	栖息环境	有榛树的林地
拉丁学名	Curculio nucum	目	鞘翅目	成虫寿命	2 个月 ~ 3 个月
门	节肢动物门	科	象甲科	食性	成虫吃树叶，幼虫吃榛子
亚门	六足亚门				

每个人都认识这个讨厌鬼。谁没遇到过它呢？孩子们用强健的牙齿咬开榛子吃，却忽然咬到了什么黏黏的东西，还带点儿苦味。呸！原来是咬到了虫子。让我们强忍着恶心，凑近了看一看吧，这虫子很值得研究一番。

　　这是条胖乎乎、肥嘟嘟的虫子，弓着身子，没有足。身体是乳白色的，头上长着带黄色的小角。从窝里拖出来放在桌上，它在那儿不断蠕动着，扭来扭去，却已经失去了运动的能力，没法挪动身体。它在那狭小的窝里做什么呢？象甲科的一个普遍特征，就是幼虫都喜欢闭门不出。我们故事的主角就是一位屁股圆滚滚、光溜溜的隐士——欧洲榛实象。

　　欧洲榛实象以榛子仁为食。食物很充足，超过了它生长的需要，所以虫子很少把食物吃个精光。对于一条虫子来说，一颗榛子足够随心所欲地吃上三到四星期还绰绰有余，但如果两条虫子挤在一起，食物就不够了。因此，榛实象母亲小心翼翼地为孩子们分配食物，每颗榛子里住一条虫子，不能再多了。

榛子的外壳如同被打磨过的大理石一样光滑，没有一丝缝隙，肉眼找不到任何可以让外来的剥削者进入的地方。可以想象，最早在榛子里发现这个奇特东西的人该有多么惊讶。但要找到这条密道其实并不费劲。在放大镜下，榛子的底部显得颜色更浅，表面粗糙，那是连接着果苞的地方。在这片区域的边沿稍微靠外，有一个棕红色的小洞，那就是通往堡垒的入口，是解开谜团的答案。

欧洲榛实象有着钻头一般的口器，长得出奇，只是有点儿弯曲。这项工作极其艰苦，因为榛实象挑选了即将成熟的榛子，以便为幼虫提供更美味、更丰盛的食物。榛子壳远比橡子壳要厚实、坚固。如果说其他的象甲需要花上半天工夫才能钻透橡子，那么这位该花上多长时间，耗费多少耐心！也许它的工具经过了特别处理。我们知道怎样制造能穿透花岗岩的钻头，榛实象无疑也给自己配备了一个无比坚硬的钻头。

虫子把产卵器或快或慢地插入榛子的底部，那里的组织更柔软，乳汁也更丰富。它是斜着插进去的，并且插得很深，以便为幼虫提供婴儿期食用的米糊。榛子的探测者和橡子的探测者一样，都把家庭照顾得无微不至。

1.用口器打个洞　　　　2.把产卵器插入榛子的底部　　　3.随着榛子的成熟卵孵化成幼虫

欧洲榛实象产卵

最后，终于到了产卵的时候。榛栗象采取了一种我们已经见识过的方法，把卵产在探井的最底部。它腹部末端产卵器和头上的口器一样长，平时藏在腹部下面，直到使用的时候才伸出来。

我摘了一些最早有虫子居住的榛子放在工作室里，时常观察。我的不懈努力得到了回报。八月初，两条幼虫在我的眼皮底下钻出了箱子一般的住宅。毫无疑问，它们一定花了很长时间，用大颚的尖端一点点凿开坚硬的榛子壳。当我看见第二条钻出来的虫子时，它刚刚挖好出口，一层细细的粉末落了下来，就像刨花一样。

虫子离开时打开的天窗和入口的小孔并不重合。也许在辛勤劳作的时候，最好还是别把呼吸孔堵住，以便让房间保持通风。天窗在果实的基部，离榛子底部那片粗糙的区域非常近，那是榛子和壳斗粘连的地方。这里的组织直到果实完全成熟时才生长出来，比其他部位的壳要稍微薄弱一些。所以说，钻探的地点选得十分巧妙，在这里施工遇到的阻力是最小的。没有事先进行考察，也没有经过试探，却能找到监狱的弱点。它坚定地挖着，胸有成竹。它在第一次开凿的地方继续凿下去，不会把力量浪费在到处试探上面。毅力就是弱者的力量。成功了，一扇圆形的窗子打开，阳光照进了斗室中。窗子内沿比外沿要稍微宽阔一些，整个窗框都被仔细打磨过。幼虫用大颚把凹凸不平、可能妨碍行动的地方都磨平了。我们用钢铁制造的拉丝模的孔都不会比这更精致。

拉丝这个比喻用在这里十分恰当。幼虫钻出来的过程就像加工金属丝一样。铜丝被镊子夹住，或者被转动的轮轴带动，穿过一个比自身要狭小的孔，变得更细了，随后也保持着这样的直径。幼虫知道另一种方法：它靠自身的力量拉长身体，从孔里钻出来，一旦钻过了这个孔，它的身子就回到了平时的粗细。除了这一点之外，它和用拉丝模处理过的黄铜惊人地相似。

出口处的孔刚好和头部一样宽。幼虫的头部很坚硬，戴着一顶有角的头盔，没法改变形状。只要是头部能钻过去的地方，身体就能钻过去，不管它有多胖。当虫子从榛子里完全钻出来之后，看到它那圆柱形、胖乎乎的身材，简直无法想象它刚才是怎样通过了那个狭小的孔。如果没有亲眼看到这个过程，我们绝不会想到它是如此柔韧。

我们猜想，出口的孔完全是按照头部的尺寸挖出来的。或者说，这个无法变形的头部决定了出口的大小，尽管它的宽度最多只有身体的三分之一。一个有隧道三倍粗的物体要怎么通过隧道呢？现在，头部已经轻松地钻了出来，大门就是按照头部的尺寸建造的。随后，脖子也钻了出来，这部分稍微胖一些，需要稍微收紧才能通过。接下来是胸部，然后是圆滚滚的肚子，这是整个过程中最困难的时刻。幼虫没有足，没有爪钩，也没有能为它提供支持的刚毛，什么都没有。它就像一根软绵绵的香肠，却要靠自己的力量，钻过那个和身体不成比例的小小的孔。

　　由于榛子壳的阻挡，我无法看到榛子内部的情况。我在外面看到的东西非常简单，但它却能告诉我，在我看不见的地方都发生了什么。幼虫的血液从尾部朝头部流动，体液都聚积在已经钻出来的那部分身体中。那儿渐渐充满了液体，膨胀起来，直径达到了头部的五六倍。洞口处就这样堆起了一圈肉，聚积着能量。它不断膨胀，再加上弹性的作用，接下来的体节也慢慢被拖了出来。这些体节中的液体已经被排出，变得更细小了，因而能够通过洞口。

　　这个过程很慢，而且非常艰苦。虫子露在外面的部分弓了起来，然后又伸直，不停晃动着，就像我们摇动钉子，把它从洞里拔出来一样。一对大颚张开又合上，合上又张开，但并没有试图咬住什么。那是它在给自己加油呐喊，就像伐木工人挥动斧子的时候喊着劳动号子一样。

嗨哟！虫子一鼓劲，腊肠般的身子抬高了一些。当外面的一圈肉膨胀起来，伸展肌肉的时候，榛子壳里的部分也在最大限度地排出体液，让体液流到榛子壳外面的那部分身体中。这样它就能钻过小孔了。

再加把劲，再吼一下，嘿哟！成功了。虫子爬到榛子壳表面，趴了下来。一旦获得自由，幼虫就马上开始探索附近的土地，寻找一个适合挖掘的地方。选好地方之后，它便用大颚挖坑，用臀部推压，钻进地里。它在合适的深度挖一个圆形的巢穴，把四壁松软的土压实，在那里度过严冬时节，等待万物复苏的春天。

石蛾

石蛾的稚虫俗称石蚕，生活在不流动的水中，水底满是淤泥，水中长满了细小的芦苇。这小虫总是带着一捆捆细小的草茎或者芦苇碎片，穿梭在死水中。

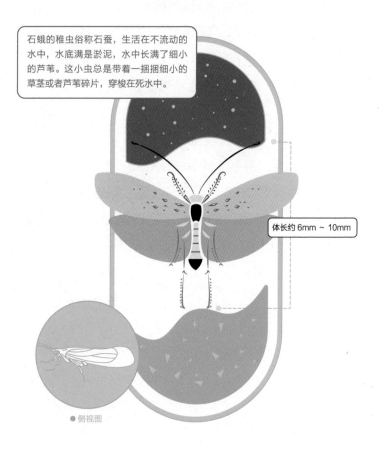

体长约 6mm ~ 10mm

● 侧视图

中文学名	石蛾	**门**	节肢动物门	**地域分布**	世界各地
英文名	Stone Moth	**亚门**	六足亚门	**栖息环境**	幼虫生活在淡水中，
拉丁学名	Trichoptera	**纲**	昆虫纲		成虫生活在陆地上
		亚纲	有翅亚纲	**成虫寿命**	3 天 ~ 7 天
		目	毛翅目	**食性**	植物

在自己动手裁衣的昆虫中，没有几种能够与石蛾相匹敌。这一带的水域里生活着五六种石蛾，每种都有自己独特的才能，但今天只有一种有幸成为故事的主角。石蛾的稚虫俗称石蚕，生活在不流动的水中，水底满是淤泥，水中长满了细小的芦苇。仅仅凭借这样的环境，专家们就能断定这里生活的是黄沼石蛾。它的作品完全配得上石蛾科美丽的名字。

石蚕的巢如同一座移动的房屋，东拼西凑，粗陋不堪，简直是个大杂物堆。为了让房子足够坚固，美感只好退居其次。建房子的材料五花八门，多种多样。人们也许会以为这是不同建筑师联手完成的作品，但这些材料常常出现在同一所房子上，说明事实恰好相反。低龄石蚕一般先造一个粗糙的藤条篓子。它用的藤条基本上都一样，不过是植物坚硬的侧根。这些侧根长时间泡在水里，表皮已经被冲刷殆尽。低龄石蚕用大颚把根须剪成同样长度的小段，一根根固定在篓子边沿。根须之间互相平行，并且和建筑物的轴互相垂直。

等石蚕再长大一些，住进了有搁栅的房子，它便抛弃了幼年时编织的竹篓。那个篓子对它来说已经太小了，反而成了一个负担。它把篓子拦腰截断，将后半部分最先完成的作品裁下来扔掉。幼虫不断长大，向更高的楼层搬迁。它抛弃了旧的房子，好让移动的房屋更加轻便。只有最上层的房子被保留了下来，那里根据石蚕的需要，修建得更加宽敞，但结构同样杂乱无章。

在这些奇形怪状的杂物堆中，也常常能找到格外优雅的房子，它们用完整的蜗牛壳建成。这些房子是否都出自同样的加工车间？要证明这点，还需要更确凿的证据。一边是秩序之美，另一边却乱七八糟；一些房子镶嵌着精致的蜗牛壳，另一些却如同乱石堆一般。但是，这些房子确实都是由同样的工人建造的。

总而言之，石蚕几乎用所有能找到的材料来建房子，不管材料来自植物还是死去的软体动物。在水塘里各种各样的废弃物中，只有碎石被弃之不用。石块和卵石被小心地排除在建筑材料之外，极少出现错误。这是一个流体静力学问题，我们稍后会继续分析。现在还是认真看看筑巢的过程吧。

开始建房子了。石蚕由带子悬挂着，拉长了身子，用中足去够远处的材料。中足比其他两对足更长一些。它够着了一段根须，牢牢抓住，又往上拽了一下，仿佛要按照所需的长度来进行剪裁。然后，它用锋利的大颚一咬，就像剪刀一样把根须剪了下来。

　　现在，石蚕短促地后退了一下，回到了吊床那儿。它用前足把切下来的根须握在胸前，转来转去，掰弯又拉直，举起又放下，仿佛在寻找最合适的位置。前足是三对足当中最短的，如同一双可爱又灵巧的手。正因为长度较短，它们能够更好地配合大颚和丝腺进行工作。而丝腺是最重要的器官，它们非常灵活，因此在劳动过程中发挥了重要的作用。前足末端的关节很精细，有灵活可以弯曲的指节，就像我们的手一样。

　　石蚕的中足最长，主要用来抓住远处的材料，或者固定身体，以便对材料进行测量和剪裁。后足的长度中等，负责在其他两对足工作的时候为身体提供支撑。石蚕把刚才咬下来的一小块材料贴在胸前，在悬挂着的吊床上后退了一点儿，直到丝腺和支撑着它的那堆乱七八糟的东西平齐。它马上开始工作，比画着手里的材料寻找中点，好让左右两端延伸出来的部分长度相等。选好固定点之后，丝腺立即开工。与此同时，前足抓住这段根须，使其在水平方向上固定。

　　石蚕用一点儿丝线粘在根须的中段，黏结部位的宽度取决于它左右晃动头部时所能触及的范围。接下来，石蚕毫不迟疑地以同样的方式从远处割下一些根须，测量、剪裁，然后固定到合适的位置。周围的根须渐渐被采完了，它便从吊床上向外探出身子，只有最后几个体节留在上面，努力采集更远一些的根须。石蚕柔软的脊背弯曲着，扭动着，抓斗一般的前爪四处搜寻，这是多么奇异的体操动作。

　　费尽千辛万苦之后，石蚕终于做好了一个用白色绳子织成的手笼，不怎么结实，也不够匀称整齐。但是，根据它的操作过程，可以推断如果它有更好的材料，完全能做出更好的作品。在剪裁材料的时候，石蚕充分考虑了巢穴的尺寸，剪下来的根须长度都差不多。它将根须水平放置，沿着套子的轴线方向摆放，并在中部进行固定。工作还没有结束。工作的方式常常是出于整体协调考虑的。在为工厂修建狭小的烟囱时，泥瓦匠站在塔架中心，不停转着圈，把砖头一层一层地砌上去。石蚕的工作方式也是一样。

　　石蚕在巢里旋转着。这里没有任何障碍物，它可以随心所欲地变换姿势，让丝线正好对着需要加固的部位。它不用把脖子往两边扭，也不用把背部向后弯曲，去够身子背后的地方。它总能让需要固定材料的位置处在自己的正前方，在工具刚好能触及的范围内。在这一段材料固定好之后，它朝旁边转了一下，转的距离相当于之前所加固的材料的长度；随后，它在差不多大小的范围内继续工作，固定下一段材料，这恰好是它左右晃动头部所能触及的范围。在这些条件下，最终建成的建筑物本该十分整齐，并且有一个正多边形的出口，可是用细嫩的根须编成的笼子怎么会如此歪歪扭扭，显得如此笨拙？但它确实就是这副模样。

孔雀天蚕蛾

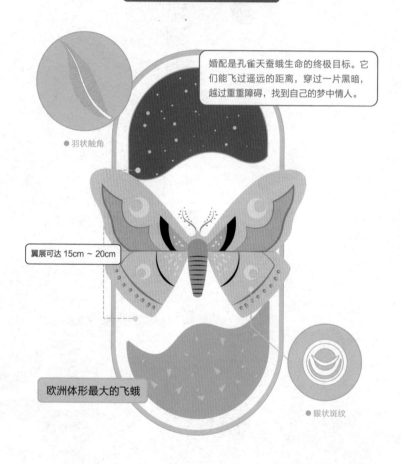

婚配是孔雀天蚕蛾生命的终极目标。它们能飞过遥远的距离，穿过一片黑暗，越过重重障碍，找到自己的梦中情人。

● 羽状触角

翼展可达 15cm ~ 20cm

欧洲体形最大的飞蛾

● 眼状斑纹

中文学名	孔雀天蚕蛾	纲	昆虫纲	地域分布	主要为欧洲
英文名	Giant Silkworm Moth	亚纲	有翅亚纲	栖息环境	森林、果园
拉丁学名	Saturnia pyri	目	鳞翅目	成虫寿命	2 天 ~ 8 天
门	节肢动物门	科	天蚕蛾科	食性	幼虫吃树叶，
亚门	六足亚门	属	天蚕蛾属		成虫几乎不进食

谁不认得这种美貌非凡的飞蛾呢？它是欧洲体形最大的飞蛾，身披棕红色天鹅绒外衣，系着白色的毛皮领带；翅膀是灰色和棕色的，一条白色的饰带弯弯曲曲，横贯其间，边沿呈烟灰色。翅膀中间还有一个圆圆的斑点，就像一只大眼睛，中央是乌黑的瞳仁，周围环绕着黑色、白色、栗色和苋菜红的弧形花纹，如同彩色的虹膜一般。它的幼虫也同样引人注目。幼虫的身子呈暗淡的黄色，每个体节上都环绕着一圈稀疏的黑色刚毛，刚毛根部镶嵌着蓝绿色的珍珠。茧是棕色的，外表粗糙，形状稀奇古怪，开口呈漏斗形，就像渔夫用的鱼篓。茧常常附着在老扁桃树根部的树皮上，这种树的叶子就是幼虫的食物。

在连猫头鹰都不敢离开巢的鬼天气里，飞蛾那有着多个面的光学器械，是大眼睛的夜鸟所没有的。它毫不迟疑地朝着目的地飞去，灵巧地穿梭在各种障碍物之间，抵达我的房间时仍然精神抖擞，宽大的翅膀毫发无伤。对它来说，黑暗中就有足够的光亮。即使假定飞蛾有非凡的视觉，能够感知人眼看不到的光线，这也不足以解释它为什么能够收到消息，从遥远的地方赶来。距离和障碍物的遮挡已经有力地否定了这种假设。而且，除非受到了折射的干扰，否则飞蛾会遵循光线的明确指示，直奔所见到的物体。孔雀天蚕蛾有时也会犯错，它大体上找对了地方，却不知道吸引它的东西具体在哪儿。

婚配是孔雀天蚕蛾生命的终极目标。为了完成这个使命，它们被赋予了一种非凡的能力，能飞过遥远的距离，穿过一片黑暗，越过重重障碍，找到自己的梦中情

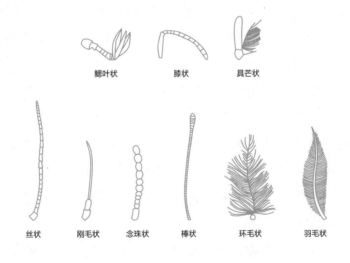

鳃叶状　　　膝状　　　具芒状

丝状　　刚毛状　　念珠状　　棒状　　环毛状　　羽毛状

昆虫触角类型

人。一连两三个晚上，它花了好几个小时寻寻觅觅，纵情声色。如果它不能抓住机会，那么一切都结束了。精确的罗盘失效了，明亮的灯塔也熄灭了，活着还有什么意思！孔雀天蚕蛾失去了交配的欲望，隐退到某个角落，陷入了长眠。梦幻和苦难一并灰飞烟灭。

　　只有为了种族的延续，孔雀天蚕蛾才以飞蛾的形态出现。它从来不知道食物的滋味。其他的飞蛾和蝴蝶在花间流连，展开螺旋形的口器，畅饮甘甜的花蜜，孔雀天蚕蛾却是个无与伦比的绝食者，它彻底摆脱了肚子的奴役，从来不需要进食。它的口器十分简陋，形同虚设，不是一个实用的进食工具。没有一滴水能够进到它的胃里。要不是它寿命太短，这真是个了不起的特长。如果不想让油灯熄灭，就得往里面添油，孔雀天蚕蛾放弃了进食，也就意味着放弃了长寿。它们求偶和交配的时间只有两三个晚上，一旦超过了这个时限，就将寿终正寝。

花金龟

它吃得瘫倒在水果旁边，就像酣睡的馋小孩，嘴角还沾着面包屑和果酱。

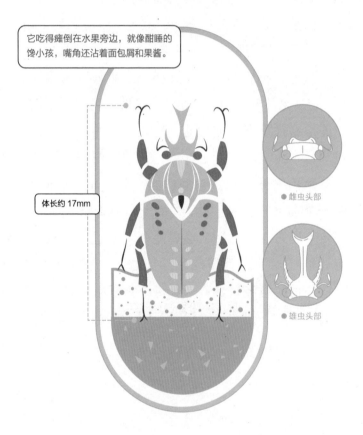

体长约 17mm

● 雌虫头部

● 雄虫头部

中文学名	花金龟	**纲**	昆虫纲	**地域分布**	世界各地
英文名	Flower Chafers	**亚纲**	有翅亚纲	**栖息环境**	树林、果园
拉丁学名	Cetoniinae	**目**	鞘翅目	**成虫寿命**	4 个月 ~ 9 个月
门	节肢动物门	**科**	金龟科	**食性**	花朵、水果
亚门	有颚亚门	**亚科**	花金龟		

花金龟个头较大，尽管圆滚滚的身材不算优雅，色彩却十分绚丽夺目，如黄铜般鲜艳，如金子般闪亮，又如青铜般沉稳，仿佛被抛过光似的。它是我们的邻居和常客，因此我不用四处奔波就能找到它。谁没见过它？它看起来就像一颗巨大的绿宝石，趴在玫瑰的花心，耀眼的光芒将玫瑰衬托得更加娇艳。它一整天都赖在这个由花瓣和花蕊组成的舒适的床上，一动不动，沉醉于花香和花蜜中。直到一束炙热的阳光像针似的刺它一下，它才恋恋不舍地离开这极乐世界，嗡嗡叫着飞走了。如果只看到它懒洋洋地躺在奢华的床上，不了解它的人怎么都不会想到它居然是个饕餮之徒。如果要填饱肚子，它在一朵玫瑰或者一棵山楂树上能找到什么呢？它不吃花瓣也不吃叶子，只能吃一点点花蜜。这个大块头居然就吃这么一点儿？我才不信。

八月的第一个星期，大约十五只花金龟在我的培养瓶里羽化了，我把它们放进笼子里。它们背部呈黄铜色，腹部泛着紫色的光泽，这是铜绿星花金龟。我给它们喂食梨、李子、甜瓜和葡萄，有什么就吃什么。看它们大吃大喝真是一件乐事。这些客人一开始进餐就一动不动，连脚指头都不动一下。它们把头埋在果肉里，有时候甚至整个身子扑上去，没日没夜地大吃大喝。吃饱了琼浆玉液，还觉得不过瘾，直吃得瘫倒在桌子下，倒在又甜又黏的水果旁边，半睡半醒，还心满意足地舔着嘴唇。那模样就像一个酣睡的孩子，嘴角还沾着面包屑和果酱。

　　它们什么时候才开始婚配，为未来做准备呢？结婚生子还不是它们这一年要考虑的事情，得等到来年。这样的拖拖拉拉真不合常理，在这些重大的事情上面大家一般都特别着急。但现在正是水果丰收的季节，花金龟这位热情的美食家还要尽情享受一番，才不愿意为产卵之类的麻烦事操心。直到来年四月末，它们开始吃得很少，不久以后甚至变得对食物视而不见。我想它们大概已经到了交配期，食欲减退是产卵的信号。我在笼子里放了一个坛子，装满半腐烂的干树叶，以备不时之需。夏至时分，我看到它们陆续钻进坛子里，逗留一会儿。产下卵后又回到地面上。接下来的一两个星期，它们四处游荡，最后钻进沙子里不深的地方，蜷缩起来死掉了。

它们的后代就在盛着烂树叶的坛子里。六月还没结束，我就在温暖的腐土里发现了大量刚刚产下的卵和低龄幼虫。刚开始进行研究的时候，这种奇怪的现象曾经令我困惑不已，现在我终于发现了真相。在花园树荫下的腐土里，我常常能挖出一些完好的茧，不久后就会有成虫从里面钻出来，有时还能发现当天刚刚羽化的成虫；但与此同时，我也挖出了一些刚出生不久的幼虫。我目睹了一件极其荒谬的事情：子女比父母先出生。

笼子里的花金龟使得真相大白。它们告诉我，花金龟会以成虫的形态生活整整一年，从当年夏天活到第二年夏天。在炎热的七八月间，蛹羽化了。按照常规，一旦从蛹羽化为成虫，就要匆匆举行婚礼，开始成家立业。其他的昆虫大多遵循这个规律，对它们来说，成虫的形态不过是昙花一现，它们要在这短暂的时间内尽快为未来做好准备。

花金龟却不着急。它们还是幼虫的时候就一副大腹便便的样子，只知道吃个不停，化为身披斑斓铠甲的成虫后也一样。只要天气不是热得难以忍受，它就把所有的时间都拿来享用香甜的水果，比如杏子、梨、桃、无花果和李子。它们耽于眼前的美味，把所有的事情都忘得一干二净，只好把产卵推迟到下一年。

它们随便找个地方度过了冬眠期，第二年春天一到就重新出来活动。可是，这个时节没什么水果，去年夏天的老饕们只好吃得节制一些，躲在花朵这寒酸的小酒吧里喝几口花蜜。这样做要么是因为没有条件，要么就是习性发生了改变。六月来临的时候，它们把卵产在腐土里，紧挨着即将羽化的蛹。如果我们不知道事情的真相，就会误以为卵比母亲先出现。

因此，在同一年出现的花金龟实际上是不同的两代。春天的花金龟是玫瑰花的客人，它们经历过一个冬天，要在六月产卵，然后走向死亡；秋天出现的花金龟尽情享受美味的水果，它们刚刚从茧里钻出来，还要度过一个冬天，在第二年的夏至时分产卵。

花金龟吃花蜜

地中海黄蝎

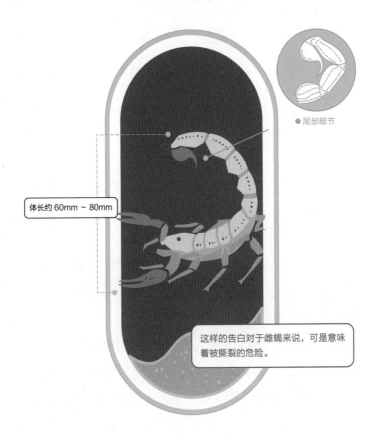

● 尾部细节

体长约 60mm ~ 80mm

这样的告白对于雌蝎来说，可是意味着被撕裂的危险。

中文学名	地中海黄蝎		门	节肢动物门	地域分布	中东、北非、欧洲
英文名	Mediterranean Yellow Scorpion		纲	蛛形纲	栖息环境	草原、沙漠
拉丁学名	Buthus occitanus		目	蝎目	成虫寿命	5 年 ~ 8 年
			科	钳蝎科	食性	昆虫

六月来临。由于担心强烈的光线会给昆虫造成困扰，在此之前我一直把灯笼挂在外面，离窗玻璃有一定的距离。但在昏暗的光线下，我没法看清一对对情侣约会的细节。它们是不是手牵着手？是手指紧紧相扣，还是由一方牵着另一方？谁是主动的一方？这个问题至关重要，让我们来弄清楚吧。

　　在灯笼下面最亮的地方，一对蝎子毫不迟疑，摆出了倒立的姿势。它们先用尾部优雅地互相拍打，然后开始步行。雄蝎子采取了主动，它用螯肢扣住雌蝎的螯肢，紧紧握着对方。只有雄蝎能自由行动，如果它想放开雌蝎，只要松开钳肢就行。雌蝎没有主动权，它是俘虏，被诱拐者戴上了手铐。

　　在极少数情况下，我们还能看得更清楚。我曾碰巧见到雄蝎用螯肢紧紧拉着女伴的步足、尾部。雌蝎奋力反抗，鲁莽的雄蝎却完全不知道克制，反而将新娘一把推翻，乱刺一通。事情真相大白：这完全是一场强暴。雄蝎用暴力绑架了新娘，就像罗穆卢斯的手下抢走萨宾女人一样[1]。尽管事情迟早要以悲剧收场，粗鲁的掠夺者却对自己的行为异常执着。蝎子的风俗就是在婚礼之后，新郎要被新娘吃掉。祭品拼命要将祭司引到祭坛上，这可真够新鲜的！

经过好几个晚上的观察，我发现那些最肥胖的雌蝎几乎从来不参加这种双人游戏。热衷于散步的雄蝎几乎总是去找那些肚子较小的年轻姑娘。它们虽然也常常和老雌蝎碰面，用尾部碰碰对方试探一下，但总是遭到了冷淡的拒绝。肥胖的雌蝎一旦被抓住螯肢，就用尾部提醒对方不要放肆。雄蝎也十分识趣，退到一边去，从此大路朝天，各走半边。大肚子的雌蝎都是些老太婆，对交配没什么兴趣。在一年前的这个时候，甚至还要更早一些，它们也有过风流的时期，但之后就厌倦了。雌蝎的怀卵期特别长，胚胎要经过一年多的时间才能成熟，这即使在更高等的动物中也是十分罕见的。

---

1 罗穆卢斯，传说中罗马王政时代的首位国王，萨宾人为意大利古民族。相传罗马人曾掠夺大批萨宾妇女，为城市增加人口。

大萤火虫

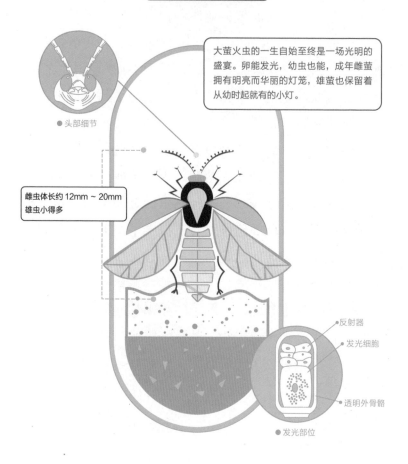

大萤火虫的一生自始至终是一场光明的盛宴。卵能发光，幼虫也能，成年雌萤拥有明亮而华丽的灯笼，雄萤也保留着从幼时起就有的小灯。

● 头部细节

雌虫体长约 12mm ~ 20mm
雄虫小得多

反射器
发光细胞
透明外骨骼
● 发光部位

中文学名	大萤火虫	目	鞘翅目	地域分布	世界各地
英文名	Glow Worm	亚目	多食亚目	栖息环境	草甸、树篱
拉丁学名	Lampyris noctiluca	科	萤科	成虫寿命	3 天 ~ 7 天
门	节肢动物门	属	萤属	食性	成虫很少进食，
纲	昆虫纲				幼虫捕食蜗牛

在我们这一带，很少有昆虫能像大萤火虫一样尽人皆知。这小虫子非常有趣，为了表达生的喜悦，居然在屁股上挂了一盏小灯笼。谁没听过它的大名呢？在夏季炎热的晚上，谁没见过它穿梭在草丛中，就像明月落下的一星碎屑？

　　严格来说，"虫"这个称呼也不算准确。大萤火虫根本不是人们印象中蠕动的虫子，它有六只短短的足，十分灵活，能够碎步小跑。雄萤发育成熟后会长出鞘翅，就像真正的甲虫一样。雌萤没有得到上天的恩宠，不能享受飞行的快乐，终生保持着幼虫的形态。大萤火虫的幼虫是穿着衣服的，也就是说它有一层还算坚韧的外皮。它的衣服色彩斑斓，通体棕红色，胸部还有粉红色的装饰，尤其集中在身体腹部。在每节身体背面，左右两侧各有一个鲜艳的红色斑点，蠕虫可没有这样的衣服。

大萤火虫虽然表面上看起来柔弱而无辜，实际上却是个食肉者，是猎人，手法相当恶毒。它的幼虫阶段主要猎物是蜗牛。在吃掉猎物前，大萤火虫幼虫要先给猎物注射一针麻醉剂，就像人类进行外科手术前要用氯仿麻醉一样，好让病人感觉不到痛苦。猎物常常是一种个头较小的蜗牛，比樱桃还要小，叫地中海白蜗牛。在酷热的夏天，这种蜗牛常常成群聚集在粗壮的草茎上，或者其他植物干燥的枝条上，深深沉思着，一动不动。我多次在这种情况下观察到大萤火虫幼虫用它的外科技巧使蜗牛无法动弹，然后饱餐一顿。

大萤火虫幼虫捕食蜗牛

　　蜗牛通常完全缩进壳里，只有壳盖边沿的一点儿肉露在外面。贪婪的捕猎者打开了它的工具。工具很简单，要用放大镜才能看清楚。这是一对弯钩一般的大颚，十分尖锐，只有头发丝粗细。如果在显微镜下观察，可以看到其实是一对细小的管子。这就是大萤火虫幼虫的武器。幼虫用这工具轻轻拍打着蜗牛壳口边沿的肉，动作极其温柔，看起来就像无害的亲吻，而不是叮咬。幼虫弹得很有分寸。它有条不紊、不紧不慢地弹着，每弹一次就停顿一下，仿佛要看看效果如何。它弹的次数不多，只要五六次就能制服猎物，使其动弹不得。毒液起效很快，这使我十分震惊。毫无疑问，幼虫用带弯钩的大颚把毒液注射到蜗牛体内。那么，蜗牛真的死了吗？根本没有。我可以让看起来已经死了的蜗牛重新活过来。一连两三天，它都是这副半死不活的样子。大约两天内，被阴险的大萤火虫幼虫伤害的蜗牛就恢复了正常。它几乎可以说是复活了：行动能力和感觉都恢复了，对针刺也有了反应；它四处爬行，伸展着触角，仿佛什么事情都没发生过。它曾经昏昏沉沉，仿佛喝得烂醉一般，这种状态也完全消失了。我们都以为它死了，现在它又恢复了生机。这种暂时无法行动、失去知觉的状态是什么呢？我只能想到一个合理的答案，那就是麻醉。

大萤火虫幼虫是怎样进食的呢？它是不是真的在吃，也就是说先一口一口把肉咬成小块，然后用类似牙齿的器官细细咀嚼？我认为不是。我从来没见过大萤火虫幼虫的嘴里有类似固体食物的东西。严格来说，它们并不是在吃，而是在喝。它们把猎物变成稀薄的肉汤，一饮而尽，就像蛆虫一样。

如果大萤火虫幼虫只知道用亲吻般的蜇咬来麻醉猎

物，那么普通人就不会知道它了。但是，它还会在身上点起一盏灯，这才是它出名的理由。雌萤尤其值得观察，它终生保持着如同幼虫一般的形态，逐渐达到性成熟，并在酷热的夏夜发出亮光。大萤火虫的发光器官位于腹部的最后三节，前两节上的发光器呈较宽的带状，几乎盖住了半个腹部；第三节上的发光部分要小得多，仅仅是两个新月状的小点，但发出的光能透过背部，在背面和腹面都能看见。大萤火虫能发出十分美丽的荧光，白中泛着蓝色。

　　大萤火虫的发光器官可以分为两组，一组是倒数第二个、第三个体节上的发光带，另一组是最后一个体节上的两个点。两条发光带最为明亮，那是已经性成熟的雌萤特有的标志。为了庆祝婚礼，未来的母亲用最华丽的装束打扮自己，点亮了这副光彩夺目的腰带。但在此之前，它生来就只有尾部的两盏小灯。发光的变化说明雌萤完成了羽化。对于其他的昆虫来说，羽化意味着停止发育，长出翅膀，开始飞翔；对雌萤来说，夺目的光芒是繁殖期即将到来的信号，但它不会长出翅膀，也不能飞行。成虫仍然保持着幼虫朴实的形态，只在尾部点起明亮的灯笼。然而雄萤却彻底完成了羽化，长出了后翅和鞘翅。它和雌萤一样，自从出生时起就有两盏昏暗的灯，也在身体的最后一节。无论雌雄，也无论处在哪个发育阶段，它们的尾部都会发光，那是萤火虫家族与生俱来的特征，并且终生不变。这两个光点无论从腹面还是背面都能看见，但是雌萤的两条光带只有在腹面才能看见。

　　大萤火虫的一生自始至终是一场光明的盛宴。卵能发光，幼虫也能，成年雌萤拥有明亮而华丽的灯笼，雄萤也保留着从幼时起就有的小灯。我们已经知道了雌萤那盏灯笼的作用，但腹部末端的小灯又有什么用呢？很遗憾，我不知道。这个问题也许还要过很久才能找到答案，也许永远也找不到。昆虫的物理学可比书本上的物理学要深奥得多。

附录 （本书示例均以插图形式呈现，色彩不与实物相同）

膜翅目

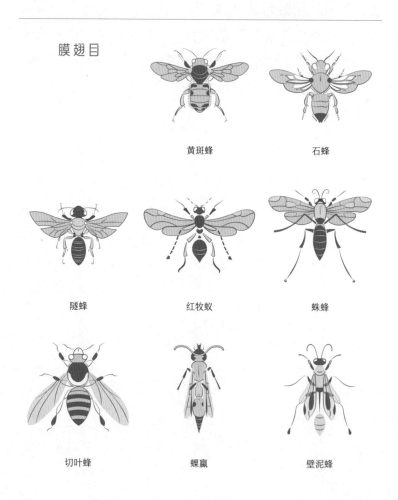

黄斑蜂　　　　　　　　　石蜂

隧蜂　　　　　红牧蚁　　　　　蛛蜂

切叶蜂　　　　　蜾蠃　　　　　壁泥蜂

| 掘土蜂 | 节腹泥蜂 | 多毛长足泥蜂 |

鞘翅目

| 西班牙蜣螂 | 圣甲虫 |

| 花金龟 | 拉布甲 | 犀金龟 |

| 负葬甲 | 大蝼步甲 | 大萤火虫 |

欧洲榛实象

天牛

直翅目

意大利蝗

绿丛螽斯

蟋蟀

蝎目

毛翅目

地中海黄蝎

石蛾

蜘蛛目

欧狼蛛   法国狼蛛

鳞翅目

孔雀天蚕蛾   地老虎

螳螂目

螳螂

半翅目

蝉

大科学家的科学课

昆虫记

作者 _ [法]让 - 亨利·法布尔　　译者 _ 戚译引

产品经理 _ 陈悦桐　　装帧设计 _ 一线视觉

内文制作 _ 吴偲靓　　产品总监 _ 李佳婕　　技术编辑 _ 顾逸飞

责任印制 _ 刘淼　　出品人 _ 许文婷

鸣谢

黄迪音

果麦

www.guomai.cn

以 微 小 的 力 量 推 动 文 明

图书在版编目（CIP）数据

昆虫记 /（法）让-亨利·法布尔著；戚译引译. --
昆明：云南人民出版社, 2022.9（2024.11重印）
　ISBN 978-7-222-19408-3

　Ⅰ.①昆… Ⅱ.①让… ②戚… Ⅲ.①昆虫学-青少
年读物 Ⅳ.①Q96-49

中国版本图书馆CIP数据核字(2022)第121392号

责任编辑：刘　娟
责任校对：和晓玲
责任印制：李寒东

昆虫记
KUNCHONG JI

[法]让-亨利·法布尔　著　戚译引　译

出　版	云南人民出版社
发　行	云南人民出版社
社　址	昆明市环城西路 609 号
邮　编	650034
网　址	www.ynpph.com.cn
E-mail	ynrms@sina.com
开　本	880mm×1230mm　1/32
印　张	4.75
字　数	84 千字
版　次	2022 年 9 月第 1 版　2024 年 11 月第 3 次印刷
印　刷	河北鹏润印刷有限公司
书　号	ISBN 978-7-222-19408-3
定　价	45.00 元